Physik an der Grenze zur Metaphysik

Band 1 der Reihe

‚Hinter den Kulissen unserer Welt'

André Chinnow

Begrifflich überarbeitete Ausgabe 2021
Herstellung und Verlag: BoD - Books on Demand, Norderstedt.
ISBN: 9783735788801

Bitte beachten Sie das Copyright der zitierten Bücher!

Helfen Sie, durch den Erwerb der noch oder wieder erhältlichen Bücher, die Verlage am Leben zu erhalten und es ihnen zu ermöglichen, weitere wichtige Bücher herauszugeben!

Titelbild: Ölbild André Chinnow, 1976

Bibliografische Information der Deutschen Nationalbibliothek

Die Deutsche Nationalbibliothek verzeichnet diese Publikation in der Deutschen Nationalbibliografie; detaillierte bibliografische Daten sind im Internet über http://dnb.d-nb.de abrufbar.

FSC
www.fsc.org
MIX
Papier aus ver-
antwortungsvollen
Quellen
Paper from
responsible sources
FSC® C105338

Hinweis in eigener Sache

Dieses Buch konnte nur durch Verzicht auf ein professionelles Lektorat publiziert werden. Ich bitte um Nachsicht, was allfällige Rechtschreibungs-, Grammatik- und Zeichensetzungsfehler angeht. Darüber hinaus verwende ich nicht existente Plural u.a. der Begriffe ‚Bewusstsein‘ und ‚Zukunft‘ - andernfalls wären die entsprechenden Passagen missverständlich. Zuletzt verweigere ich mich der ‚geschlechtergerechten‘ Sprache - politisch korrektes Aufführen aller Geschlechter im Textfluss würde den ohnehin anspruchsvollen Inhalt unlesbar machen.

Ich nenne Links zu Webseiten Dritter, auf deren Inhalte ich keinen Einfluss habe, mit denen ich lediglich auf deren Stand zum Zeitpunkt der Erstveröffentlichung verweise. Ich mache mir diese nicht zu eigen und übernehme daher keine Haftung. Für deren Inhalte ist der jeweilige Betreiber verantwortlich. Diese Webseiten werden bei Bekanntwerden von Rechtsverletzungen umgehend aus künftigen Ausgaben meines Buches entfernt.

André Chinnow

INHALT

„*Es ist eine enorm starke Kraft die uns treibt, das für uns Angemessene zu tun.*"

Unbekannte Quelle

Kapitel 1 Vorwort

Einführung in die Reihe 'Hinter den Kulissen unserer Welt'

Vorab: Um nicht in jedem der neun Bände der Reihe "Hinter den Kulissen unserer Welt" die breit gefächerten Begriffsdefinitionen der Metaphysik und das umfangreiche Literaturverzeichnis unterbringen zu müssen, ist ein kleiner Ergänzungsband mit dem Titel ‚*Begriffsdefinitionen der Metaphysik & Literaturverzeichnis*' separat aufgelegt worden. Er kann über die ISBN 9783751924481 im Buchhandel bezogen werden.

Diese Informationen sind jedoch auch im Internet ohne Zugangsbeschränkung unter folgenden Adressen abrufbar:

Begriffsdefinitionen:

begriffe.chinnow.net

Literaturverzeichnis:

https://www.chinnow.net/zb-literaturverzeichnis.htm

Die Bände dieser Reihe sind aus unzähligen Notizen der letzten dreißig Jahre entstanden. Ich übertrug, wann immer es die Zeit zuließ, die Inhalte dieser Zettel in ein Manuskript. Aus diesem gingen zeitgleich alle inzwischen neun Bände und der Ergänzungsband hervor. Ursprünglich sollte alles in einem Buch zusammengeführt sein. Doch nahm der Umfang kontinuierlich zu. Damit wurde eine Aufteilung in thematisch unterschiedliche Einzelbände erforderlich.

Wie kann ich Sie nun an eine Abhandlung heranführen, die so viele verschiedene Themen umfasst? Wie kann ich diese in dem Medium Buch darstellen, wo doch alles miteinander verwoben ist? Die Antwort ist: Es geht nicht. Weder kann ich in wenigen Worten beschreiben, was Sie erwartet, noch das Thema so darstellen, wie es angemessen wäre. So reiße ich den Inhalt dieser Reihe, der eigentlich eng verwoben dargestellt sein sollte, auseinander und verweise häufig von einem Band zum anderen.

Ich beginne im Band zero, welcher eigentlich eine Ausgliederung der Leitsätze des einführenden Bands 2 über die Struktur der Realität ist, einen Überblick über diese zu geben. Denn es ist nach meiner Auffassung selbst für den wohlwollenden Leser zu mühsam, sich zuerst durch die unendlichen Details der einführenden Bände 1 und 2 zu arbeiten ohne Ahnung, was am Ende herauskommt. Der Band zero skizziert ein deutlich vom heutigen Weltbild unserer Gesellschaft und Wissenschaften abweichendes Werte- und Glaubenssystem. Er ist das zentrale Hauptwerk dieser Reihe.

Die 'unendlichen Details' beginnen mit Band 1, welcher erzählt, was die klassische Physik an der Grenze zur Metaphysik derzeit vom Aufbau des physischen Universums weiß. Nicht, dass dies von besonderem Belang für unsere Existenz wäre, aber einige Annahmen der Quantenphysiker nähern sich denen der Metaphysik schon recht weit an. Auch tauchen ihre Begriffe in den Bänden immer wieder auf. Daher wäre es gut, hierüber schon etwas gelesen zu haben.

Dann überschreiten wir den Horizont und schauen, welches Weltbild die Metaphysik liefert. Wir erkennen eine Struktur geistiger wie auch physischer Welten, in die unser physischer Lebensraum eingebettet ist. Dieser zweite Band liefert also ein System der Metaphysik und Erklärungen für Erscheinungen, welche die Physik bislang noch nicht behandelt [Band 2]. Alle nachfolgenden Bände leiten sich aus diesem und den Schlussfolgerungen des Band zero ab.

Die Quelle dieser Basisinformationen sind unter anderem subjektive Erfahrungen aus Nahtod-Erlebnissen [Band 3] und von Menschen, die im Wachzustand ihren physischen Körper verlassen können. Hierzu gehören auch alle Spielarten der Intuition und geistiger Einflüsse, welche sich dann schon ganz gut in das Gesamtbild einfügen [Band 4]. Während die Bände 3 und 4 rein subjektive Erfahrungen beschreiben, versuchen sich die Bände zero und 2 in einer objektiven Darstellung der Struktur der Realität.

Danach fokussieren wir den Kern des Ganzen, das Bewusstsein an sich als Schlüssel für alles Seiende [Band 5]. Da Bewusstsein nicht auf das Gehirn beschränkt ist, wie derzeit fast alle Naturwissenschaftler mit Ausnahme der Quantenphysiker annehmen, sind die Bände zero bis 4 nötig, um den Leser an diese einfache Erkenntnis heranzuführen. Infolge lassen sich auch seltsam erscheinende Phänomene an eine logische Erklärung heranführen. Dabei kann die Logik auf das Weltbild des Lesers intellektuell abstoßend wirken. Die Wahrheit erscheint jedoch, wie Updike anmerkt, häufig intellektuell abstoßend, wenn sie verinnerlichten Glaubenssätzen entgegensteht.

Hiernach beleuchten wir Wesen und Handeln des Menschen aus philosophischer Sicht [Band 6]. Und kommen dann zum Umgang mit Krankheit und Störungen des Bewusstseins [Band 7]. Die Reihe schließt mit Maximen zur Lebensführung großer Vordenker und des Buddhismus u.a. [Band 8].

Sicherlich haben die meisten Menschen verinnerlicht, dass die Erde keine Scheibe und dass Zeit in Abhängigkeit von Masse und Geschwindigkeit relativ ist. Dann ist es an der Zeit, sich einen Schritt weiter zu wagen. Jedoch dauert es nach Einstein wenigstens einhundert Jahre, bis eine neu vorgestellte Hypothese für mehr als die Hälfte der Bevölkerung zum Allgemeinwissen geworden ist. Oft ist dieser Zeitraum noch größer. Denn die Mehrheit der US-Amerikaner glaubte noch im Jahre 2004, dass sich die in der Bibel zusammengefassten Mythen und Überlieferungen wortwörtlich ereignet hatten, dass Gott beispielsweise die Erde in sechs Tagen erschuf.[1]

Der genannte Zeitraum von etwa einhundert Jahren galt zudem für wissenschaftlich bewiesene Hypothesen[2]. Viele der hier zusammengefassten Betrachtungen sind jedoch - wie auch die Annahmen der Quantenphysik - mangels wissenschaftlicher Beweisbarkeit philosophischer Natur und werden daher keine allgemeine Anerkennung erfahren. Dennoch ist intuitiv erworbenes Wissen in der Wissenschaft ein auch von Nobelpreisträgern anerkannter Informationslieferant. Denn viele der bedeutsamsten Entdeckungen der Physik hätte es nach Aussage vieler Preisträger ohne intuitive Erkenntnisse nicht gegeben. Im Band 4 nenne ich Beispiele.

Somit steckt die Wissenschaft in der paradoxen Situation, dass sie zwar beispielsweise die Intuition nutzt und auch eini-

---

[1] *Nach einer Umfrage des US-Fernsehsenders ABC. Elaine Howard Ecklund von der Rice Universität berichtete im Jahre 2014 von einer weiteren Umfrage dieser Art, welche diese Angabe bestätigt. Ebenso eine Studie des renommierten Forschungsinstituts ‚Pew Research Center‘.*

[2] *Hypothese = Aussage, deren Gültigkeit bloß vermutet wird, die aber anscheinend widerspruchsfrei ist und in Übereinstimmung mit dem allgemeinen Wissen steht und begründet werden kann.*

ge ihrer Phänomene nachweisen kann, die hierzu durchgeführten Versuchsreihen jedoch nicht exakt wiederholbar sind und sich somit einer wissenschaftlichen Anerkennung widersetzen. Mit der Quantenphysik haben die Physiker jedoch einen Metaphysik und Physik verbindenden Forschungsbereich geschaffen, weil deren Hypothesen nur funktionieren, wenn man den Einfluss von Bewusstsein auf alle Prozesse anerkennt.

Meine hier präsentierten Annahmen sind also notwendig subjektiv und wer will, kann ihnen misstrauen. Die Erkenntnisse dieser Abhandlung wirken zudem auf eine Vielzahl meiner Leser irrational, weil ihr Handeln und Denken fast ausschließlich auf die physische Realität fokussiert ist. So ist es schwer, diesen wohlvertrauten Lebensraum gleichsam von außen zu betrachten. C.G. Jung schrieb um das Jahr 1950:

„Man kann wohl sagen, dass das heutige Kulturbewusstsein, insofern es sich philosophisch reflektiert, die Idee des Unbewussten noch nicht aufgenommen hat, obwohl es seit mehr als einem halben Jahrhundert damit konfrontiert ist. Die allgemeine und grundlegende Einsicht, dass unsere psychische Existenz zwei Pole hat, bleibt noch immer eine Aufgabe der Zukunft." [Lit 136]

Seitdem hat sich in Bezug auf die Akzeptanz metaphysischer Fragestellungen wenig verändert. Autoren dieses Grenzbereichs der Wissenschaft können nur Denkanstöße liefern. Einige ihrer Hypothesen werden sich im Nachhinein als falsch erweisen, sei es aufgrund fehlender Informationen oder naiver Denkfehler. Das Gesamtbild wird jedoch mit jeder neuen Information schlüssiger und verliert seine Ecken und Kanten. Darum ist auch die Ihnen vorliegende Ausgabe nur ein nach bestem Wissen und Gewissen hergestelltes Provisorium. Mein bisweilen dogmatischer Tonfall sollte so verstanden

werden, dass ein stetes Wiederholen von Möglichkeitsformen
- den Konjunktiven - den Lesefluss nur unnötig beeinträchtigt
und den Leser ermüdet. Darum habe ich diese fast durchgängig weggelassen. Ich bitte Sie jedoch, sich diese stets im Text
hinzuzudenken.

Ich setze zudem beim Schreiben voraus, dass Sie mit mir
übereinstimmen, dass beispielhaft erwähnte Phänomene vorkommen. Wir ersparen uns so den Informationsfluss brechende weitere Beispiele und Anekdoten. Hierfür bieten sich die
Veröffentlichungen der zitierten Autoren an. Deshalb begründe ich auch nicht, was Autoren in ihrem jeweiligen Gesamtwerk hinreichend begründet haben - ich verweise nur darauf.

Es geht also in dieser Reihe nicht darum, absolute Wahrheiten zu verkünden, sondern diesen so nah als möglich zu kommen. Denn in der Natur haben wir nach Schopenhauer unser
Erkenntnisvermögen als etwas Bedingtes vorgefunden, dessen Aussagen schon deshalb keine unbedingte Gültigkeit haben können [Lit 107]. Oder einfacher ausgedrückt: Alle Erklärungen basieren auf den Beschränkungen des eigenen Verständnisses.

Darum halte ich es mit Marcus Aurelius Antonius, der in seinen Selbstbetrachtungen einst schrieb: *„Kann mir jemand
überzeugend dartun, dass ich nicht richtig urteile oder verfahre, will ich es mit Freuden anders machen. Suche ich ja
nur die Wahrheit, sie, von der niemand je Schaden erlitten
hat. Wohl aber erleidet derjenige Schaden, der auf seinem
Irrtum und auf seiner Unwissenheit beharrt."* [Lit 166]

Ein Wort zur Quelle Jane Roberts (1929-1984), die ich erstmals
in den 2017er Ausgaben dieser Reihe zitierte. Jane Roberts
sprach in den 1960er und 70er Jahren als Medium ausschließlich für eine nicht-körperliche Identität, welche an sich na-

menlos ist, aber auf beharrliches Nachfragen vermittelte, dass man sie ‚Seth' nennen könne. Ihr Ehemann fertigte die Protokolle dieser Sitzungen. Ich habe Roberts Aussagen recht häufig eingeflochten, weil sie wie keine andere Quelle präzise, umfassend und frei von Widersprüchen die Erkenntnisse dieser Abhandlung ergänzt und bestätigt.

Roberts publizierte schon damals Erkenntnisse der Physik, die erst seit der Jahrtausendwende von der Wissenschaft entdeckt und bestätigt wurden, wie beispielsweise Seths alte Aussage, dass das Universum kontinuierlich pulsierend neu aufgebaut wird, um jeweils nur für die Dauer einer Planck-Zeit - dem kleinstmöglichen Zeitintervall, in dem die Naturgesetze noch funktionieren - zu bestehen. Zwischen diesen jeweils separat aufgebauten Universen vermuten die heutigen Wissenschaftler ein Vakuum, ein Nichts. Es ist davon auszugehen, dass auch seine weiteren detaillierten Aussagen zur energetischen Grundlage des Physischen dereinst bestätigt werden.

Doch genug geredet - kommen Sie mit mir auf eine faszinierende Reise, die Sie letztlich zu Ihrem eigenen Selbst führt.

André Chinnow

Einführung in diesen Band

Wir werden nicht nachlassen in unserem Forschen,
und das Ende unserer Untersuchungen wird sein,
dort zu stehen, wo wir begonnen haben.

TS Eliott (1888-1965)

In diesem Band erfahren Sie etwas über den Stand der Forschung der modernen Physik bis zur Jahrtausendwende, soweit es einen Bezug zum Bewusstsein hat. Neuere Erkenntnisse wurden nicht mehr eingearbeitet, sind jedoch im Hauptwerk Band zero berücksichtigt.

Zwar sparsam, aber doch wo es notwendig erschien, habe ich den Hypothesen der Physik weitergehende Annahmen der Metaphysik gegenübergestellt. Diese präzisieren das gezeichnete Bild und ersparen es dem mit Band zero vertrauten Leser, diesen Bezug im Geiste selbst herzustellen.

Koestler vergleicht die Entwicklung der Naturwissenschaften seit dem Jahr 1800 mit einem ausgedehnten Flusssystem, in dem ein Nebenfluss nach dem anderen vom Hauptstrom aufgenommen wird. Die ursprünglich getrennten Teilbereiche vereinigen sich darin zu einem großen Wissens-Strom. Diese Entwicklung wird sich fortsetzen und so möge ein Leser späterer Zeit mir nachsehen, dass die hier vermittelten Erkenntnisse der Wissenschaft zwischenzeitlich von schlüssigeren Annahmen und deren Bezeichnungen überholt sein werden.

Genug geredet. Steigen wir gleich zu Beginn tief in die Materie ein und hören, was die Physiker zu Präkognition[3], Paralleluniversen und Erscheinungen der Intuition zu sagen haben.

---

[3] *Präkognition = Vorauswissen, Hellsehen ohne kausalen, auf Ursache und Wirkung beruhendem Zusammenhang (lat.: vor dem Erkennen)*

Kapitel 2 Das multidimensionale Universum

Struktur eines Universums

Über welche Zutaten verfügt unser Universum?

1. **Eine *Bran*** - das ist eine kugelförmige Oberfläche. Sie bildet den Rand unserer aus *fünf* Dimensionen bestehenden Raumzeitregion. Nach dem britischen Physiker und Mathematiker Prof. Stephen Hawking codiert diese Bran ihre Quantenzustände holographisch auf ihrer zweidimensionalen Randfläche. Diese Codierung beinhaltet ähnlich einem Speicher alles, was in der gesamten fünfdimensionalen Region vor sich geht. [Lit 119]

2. **Die erste flache Dimension** - sie ist eine auf der Bran befindliche vertikale Raumrichtung

3. **Die zweite flache Dimension** - sie ist eine auf der Bran befindliche horizontale Raumrichtung

4. **Die dritte flache Dimension** - sie ist eine auf der Bran befindliche Tiefen-Raumrichtung

5. **Die vierte Dimension** - sie ist eine auf der Bran befindliche *reelle Zeit*[4]. Diese bildet zusammen mit den ersten drei Dimensionen die vierdimensionale, ziemlich ‚flache' *Raumzeit*. Für in ihr befindliche Lebewe-

---

[4] *Reelle Zeit = Terminus der Physiker für den in unserem physischen Universum wahrgenommenen Zeitverlauf*

sen verläuft die Zeit nur linear in eine Richtung - es ist die Zeit, die sich unsere Erfahrung erschließt. Beliebige Positionen innerhalb der vierdimensionalen Raumzeit definieren sich aus jeweils nur einer Position in allen vier Dimensionen - man nennt dies *Ereignispunkte*. Die Physiker benutzen in Verbindung mit der Zeitdimension des physischen Universums das Beiwort ‚reell', weil sie hierdurch von anderen im Gesamtsystem möglicherweise vorhandenen Zeitdimensionen unterschieden werden kann.

6. **Die fünfte Dimension** - sie ist nicht mehr flach, sondern die kugelförmige Bran vollständig ausfüllend. Es ist vermutlich die schon vom britischen Mathematiker und Physiker Adrian Dobbs beschriebene *imaginäre Zeit*. Wenn in einer bildlichen Analogie die reelle Zeit horizontal in nur eine Richtung verläuft, dann geht die imaginäre Zeit vertikal von jedem beliebigen Ereignispunkt der reellen Zeit[5] in beide Richtungen ab. Diese Zeitschiene enthält also sämtliche Verzweigungen, in die das Universum oder irgendetwas in ihm enthaltenes an einem beliebigen Ereignispunkt eintreten *könnte* [Lit 41]. Anders als bei der reellen Zeit bewegen wir uns auf ihr in beide Richtungen. Wir müssen uns die imaginäre Zeit als eine unbewiesene mathematische Krücke vorstellen, mit der Physiker Erscheinungen der Metaphysik zu erklären versuchen. Die Eigenschaften dieser 5. Dimension der imaginären Zeit der Physik entsprechen interessanterweise weitgehend denen der 5. Dimension der Metaphysik. Letztere spricht

---

[5] *Reelle Zeit = Terminus der Physiker für den Zeitablauf in unserem physischen Realitätssystem*

jedoch von einer hierarchischen Gliederung der Psyche respektive des Gesamtsystems.

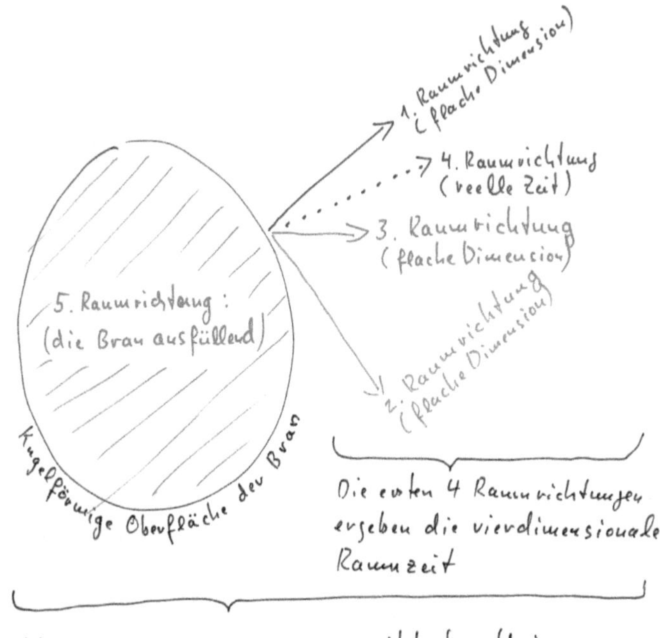

Eine Handskizze des an sich kugelförmigen Universums

Zu den vorgenannten fünf Dimensionen kommen dann noch fünf weitere, welche zur Widerspruchsfreiheit dieser umfassenden M-Theorie - das ist eine der Stringtheorien - zu erwarten wären. Diese dürften jedoch nach Annahme der Physiker allesamt flach bzw. eng aufgerollt und somit für uns ‚unbewohnbar' sein. Hawking beschreibt sie als einen gekrümmten Raum von sehr geringer Ausdehnung - etwa in der Größenordnung von einem *Millionen-Millionen-Millionen-Millionstel* Zentimeter [Lit 119]. Sie sind also im Verhältnis zu unserem Universum zu klein, als dass wir sie direkt wahrnehmen könnten.

Annäherung an die Quantenphysik

Die Präkognition [Fn. S.15 vgl. Bd. 4] erfordert nach dem britischen Mathematiker und Physiker Dobbs eine zweite Zeitdimension wie die der imaginären Zeit, in der objektive Wahrscheinlichkeiten dieselbe Rolle spielen wie Kausalbeziehungen in der klassischen Physik. Der Zeitpfeil oder genauer die Wellenfront, bewegt sich hierin durch eine wahrscheinliche anstelle einer determinierte Welt. Da diese Wahrscheinlichkeiten nicht eintreten müssen, also umgangen werden können, handelt es sich nur um dispositionelle Vorentwürfe anstelle eines absoluten Vorauswissens. Diese Entwürfe können weder direkt beobachtet, noch abgeleitet werden und werden vom Empfänger als hypothetische Botschaften empfunden.

Die Überbringer dieser Informationen sind nach Dobbs Psitronen. Sie haben nur eine *imaginäre* Masse und können sich somit nach der Relativitätstheorie ohne Energieverlust schneller als mit Lichtgeschwindigkeit und damit rückwärts in der reellen Zeit bewegen. Die Entfernung im Raum, die das Psitron zu überwinden hat, ist dabei ebenso wie bei den Neutrinos irrelevant.

Diese Psitronen mit imaginärer Masse dringen in die zerebralen Neuronen des Empfängers ein und übertragen Vorentwürfe eines möglichen zukünftigen Zustands[6]. Somit ähneln Psitronen den Lichtquanten beim gewöhnlichen Sehen - mit den Ausnahmen,

---

[6] *Verknüpfung zu Annahmen der Metaphysik: Hierüber verläuft offenbar der Datenaustausch der Zellbewusstseine zwischen den wahrscheinlichen Realitäten.*

- dass die Psitronen direkt auf die gesamte neuronale Struktur des Körpers statt nur auf das Auge wirken;

- und dass sie eine imaginäre Ruhemasse haben, wohingegen die Ruhemasse der Lichtquanten - den Photonen - Null beträgt

- und dass sie uns einen Vorentwurf der nahen Zukunft bringen und nicht den Eindruck des momentanen Ereignispunktes oder Gegenwartsmoments.

Die Quantentheorie der virtuellen Prozesse ist sehr verwandt mit der Vorstellung von einem realen Geschehen, welches in der imaginären Zeit von einer Anzahl objektiver Wahrscheinlichkeiten umgeben ist, welche nicht notwendigerweise eintreten werden, aber eintreten können und den Gang der Ereignisse aller anderen Wahrscheinlichkeiten beeinflussen. Wir können uns diese virtuellen Potentiale oder auch Wahrscheinlichkeitsamplituden, wie Koestler sie anschaulich nannte, als einen Schwarm von Teilchen mit imaginärer Masse vorstellen, die wie ein Gas ohne Reibung miteinander in Wechselwirkungen stehen [Lit 4].

Das Gebilde unseres Universums scheint auf den ersten Blick recht komplex zu sein. Doch nach der Theorie der Multi-Universen [Lit 9] des britischen Astrophysikers Dr. Martin Rees können wir davon ausgehen, dass es weitere Universen, unter anderem mit einer viel reicheren Struktur gibt, komplexer als alles, was wir uns vorstellen können. Nach seiner Auffassung können wir das Wesen unserer kosmischen Umwelt nicht allein durch das Denken erfassen.

Der US-amerikanische Professor für Physik Andrei D. Linde befürwortet darüber hinausgehend eine chaotische Inflation. Nach seiner Theorie sind eine nicht überschaubare Anzahl

Universen als Multiuniversen miteinander verknüpft und als Teil eines Zyklus ewig wiederkehrend. Diese wiederum erzeugen weitere Universen, die Hawking Baby-Universen nennt. Sinnvoller erscheint es mir jedoch, von Eltern-/ Kind-Universen zu sprechen, da diese Terminologie allgemeiner gehalten ist und die hierarchische Struktur dieses Konstrukts genauer abbildet.

Eltern-Universen vererben darin ihren Kind-Universen bestimmte Eigenschaften = Naturgesetze [Begrifflichkeit der Metaphysik: Grundannahmen]. So wird eine hierarchische Struktur vorstellbar, in der das Eltern-Universum unseres physischen Universums wiederum nur das Kind eines weiteren Eltern-Universums ist und so weiter. Derartige Annahmen sind übrigens nach Rees nicht ungewöhnlicher als die zu Quarks und Superstrings. Sie helfen uns, die Welt zu verstehen. Und stimmen mit den heutigen Annahmen der Metaphysik überein.

Als Physiker betrachtet Rees die Evolution der Arten als eine Eigenschaft nur unseres Universums. Der Begriff Evolution bedeutet in der Wissenschaft die stammesgeschichtliche Entwicklung von Lebewesen von niederen zu höheren Lebensformen. Die Metaphysik versteht übrigens unter Evolution eine spirituelle Entwicklung über die Ausdehnung der Bewusstseinsenergie des persönlichen Selbst.

Aus dem Eltern-Universum heraus betrachtet ist die gesamte Entwicklungsgeschichte des Kind-Universums nur ein Punkt [Lit 24]. Dies bestätigt in der Metaphysik Roberts (Seth), wenn sie sagt, dass sich die gesamte Geschichte eines verzweigenden Universums in nur einem Moment der reellen Zeit des aussendenden Universums abspielen kann [Lit 191].

Denn die Zeitwahrnehmung ist jeweils auf das umgebende Realitätssystem bezogen und somit nur in diesem wirksam.

Ich erwähne in diesem Band auch Annahmen der Metaphysik, weil sie deren Nähe zur Physik aufzeigen. In der Metaphysik versucht Roberts zu begründen, dass es im Grunde nur eine spirituelle, somit geistige Evolution gibt, weil alles Physische nur der projizierte Ausdruck geistiger Vorgänge ist. Wie Roberts sieht Ingrisch den Begriff ‚Spektrums‘, in welchem sich eine Höherentwicklung (vgl. Bd. 6) vollzieht, passender als die Bezeichnung Evolution.

In einem Spektrum fließt die Information aufsteigend durch immer höhere Frequenzen. Es ist zu verstehen als ein Lichtband aus zusammenhängender Bewusstseinsenergie, dessen verschiedene Positionen durch unterschiedliche Schwingungsfrequenzen gekennzeichnet sind.

Roberts sieht die hiesige spirituelle Evolution ohnehin als nur eine von unendlich vielen möglichen Evolutionslinien. Sie spricht wie die Physik stets von wahrscheinlichen Verläufen in jeweils vollgültigen Realitätssystemen [Lit 183 u.a.]. Nach ihrer und Ingrischs Auffassung ist die Evolution nur das Anführungszeichen für unsere Existenz:

„Ihr könnt sagen, dass es zahlloser Jahrtausende bedurfte, bis sich die elektromagnetischen Energieeinheiten ‚zum ersten Mal‘ verbanden und verschiedenste Arten von Materie und verschiedenste Spezies hervorbrachten; oder ihr könnt sagen, dass sich dieser Prozess in einem einzigen Augenblick abspielte. Das hängt von eurer relativen Position ab. Jedenfalls wurde das physische [A.d.V.: Kind-] Universum überall gleichzeitig erzeugt. Andererseits geschieht dies laufend noch immer, und es gibt tatsächlich keinen ‚Zielpunkt‘ [...] Jede bekannte Spezies war deshalb bei der allumfassenden ‚Be-

fruchtung' des sichtbaren Universums inhärent ,gegenwärtig' [...] Wenn ihr die Zeit selbst in Frage stellt, dann geht es nicht mehr um das ,Wann' des Universums. " [Lit 183]

Der Trick ist, dass es kein ,Außen' gibt, in welches ein Kind-Universum hineingeboren würde. Alles hat eine geistige Grundlage und existiert in dieser. Deren zugrunde liegenden Energien sind die Basis aller physischer Projektionen. Physische Projektionen werden nur von den inneren Sinnen der Lebewesen erzeugt und sind daher eine sekundäre Erscheinung. Darum ist alles, was wir mit den äußeren Sinnesorganen wahrnehmen, Tarnung oder Camouflage. Zeit und Raum sind Bestandteil der Projektionen und somit auch Camouflage. Insofern ist die Frage nach einem Früher völlig irrelevant. Alles Seiende existiert in einer - wie Roberts es nennt - geräumigen Gegenwart, die alle Zeiten einschließt.

An dieser Stelle sollten wir ein Begriffs-Problem lösen, denn für ein alles umfassendes Gesamtsystem mit darin enthaltenen Universen hat die Physik noch keine Bezeichnung festgelegt. Ich unterscheide daher zwischen unserem Universum einerseits und der dieses einschließenden *Gesamt-Psyche*[7]. Als Gesamt-Psyche bezeichnen wir also den Bereich, der nicht nur innerhalb unseres Universums ist, dieses aber einschließt. Sie kann durchaus unzählige Universen beinhalten. Roberts führt in Übereinstimmung mit neuesten Erkenntnissen der Physik weiter aus, dass das Universum - tatsächlich alle Universen - Planck-Zeit [Fn. S.17] für Planck-Zeit ständig erschaffen werden:

"Das Universum wurde nicht zu einer bestimmten Zeit erschaffen, und es dehnt sich auch nicht irgendwohin aus wie

---

[7] *Da es auch persönliche Psychen der Individuen gibt, dient der Zusatz ,Gesamt' der Verständlichkeit und Differenzierung.*

ein aufgeblasener, immer größer werdender Luftballon - zumindest nicht so, wie man das jetzt in Betracht zieht. Die Ausdehnung ist eine Illusion, die unter anderem auf unangemessenen Zeitmessungen und Theorien von Ursache und Wirkung beruht; und doch könnte man in gewisser Weise sagen, dass sich das Universum ausdehnt, aber in ganz anderen Bedeutungszusammenhängen, als sie üblicherweise begriffen werden [...] Das Universum dehnt sich aus wie ein Traum es tut [...] Dies ähnelt in grundlegender Hinsicht mehr dem Wachstum einer Idee." [Lit 191]

Jede Art von Zeitmessung liefert unbrauchbare Resultate, weil die reelle Zeit selbst Bestandteil der Camouflage oder Tarnung ist. Das im Grunde geistige Universum kann nicht mit Camouflage-Geräten erfasst werden.

Es ist nicht verkehrt, sich diese die Physik möglicherweise inspirierenden Annahmen gegenwärtig zu halten. Denn der derzeitige, notwendig noch nicht umfassende Kenntnisstand der Wissenschaft wird sich auch künftig erweitern. Und wie bislang gibt die Metaphysik die Richtung vor.

Mit dieser Annahme könnte die Frage nach dem Anschub, dem Auslöser für den Urknall, vor einer Beantwortung stehen. So nehmen derzeit die Physiker Hawking und Rees an, dass aus schwarzen Löchern unseres Universums neue Kind-Universen entstehen. Hiernach würde der energetische Anschub für die Geburt eines Universums dem Elternuniversum entnommen.

Doch ein Rätsel bleibt grundsätzlich erhalten und bietet genügend Spielraum für die Aufrechterhaltung eines theologischen Weltbildes: Wer gab die Energie respektive den zündenden Funken für das äußerste Universum dieser möglicherweise vollkommen verschachtelten Hierarchie? Oder: Warum gibt es Geist mit der Eigenschaft Bewusstsein?

Der Beginn des Universums

Zu Beginn des Urknalls, der Geburt unseres Universums vor etwa 13,7 Milliarden Lichtjahren[8], war nach Rees alles in unserem Universum ein außerordentlich dicht zusammengepresstes, strukturloses heißes Gas in der Größe eines Golfballs. Es bestand aus einer Mischung aus atomaren Teilchen und Strahlungsquanten (Photonen). In Bezug auf Temperatur und Dichte war der Beginn des Urknalls mit den Zuständen im Innern schwarzer Löcher vergleichbar, was der Eltern-/Kinduniversen-Hypothese nahe kommt. [Lit 9]

Im Laufe der Ausdehnung des Universums wurde dessen anfangs starke Strahlung langwelliger, kälter und schwächer. Sie ist noch heute als Hintergrundstrahlung im Mikrowellen-Frequenzbereich nachweisbar.

Ein schwarzes Loch resultiert nach herkömmlicher Auffassung aus einem Stern, der infolge seiner großen Masse unter seiner eigenen Schwerkraft - der Gravitationskraft - implodiert ist, so dass sich in seinem Innern eine Singularität entwickelt. In einer Singularität steht die Zeit still, sie entspricht somit der Geschichte unseres Universums vor dem Urknall. Sehr großen Sonnen passiert dies, wenn ihr Brennstoff verbraucht ist und der Gegendruck zu ihrer eigenen Schwerkraft durch die Kernfusionen im Innern durch Brennstoffmangel nachlässt.

In diesen implodierten Sternen ist die Gravitationskraft so hoch, dass die Fluchtgeschwindigkeit - die Geschwindigkeit, die nötig ist, um das Objekt zu verlassen - über der Lichtge-

---

[8] *Ein Lichtjahr ist die Strecke, die das Licht im Vakuum während eines Jahres zurücklegt - 9,46 Billionen Kilometer*

schwindigkeit von etwa 300.000 Kilometern in der Sekunde liegt. Hierdurch ist es aller Materie und selbst den Lichtquanten unmöglich, dieses Objekt wieder zu verlassen.

Die schwarzen Löcher unserer Galaxis haben einen Radius von nur 10 bis 50 Kilometern. In anderen Galaxien wirbeln nach Rees Gas und auch ganze Sterne in ein schwarzes Loch mit einer Masse von Millionen oder sogar Milliarden Sonnen. Diese schwarzen Löcher sind Quasare mit dem Ausmaß unseres gesamten Sonnensystem, einschließlich dem äußeren Planeten Pluto. Bricht die Brennstoffzufuhr ab, wird ein Quasar passiv. Nach Rees haben die meisten Galaxien außer der unseren ein Quasarstadium durchgemacht, könnten also noch Reste schwarzer Löcher beinhalten. Galaxien bildeten sich in einem sehr frühen kosmischen Abschnitt; die Frage, warum es sie gibt, ist noch nicht geklärt.

In der Metaphysik nimmt man dagegen an, dass das gesamte Universum und somit auch unser Planet mit unzähligen kleinen und sehr kleinen schwarzen und weißen Löcher durchsetzt ist, so dass implodierende Sterne vermutlich nur eine Entstehungsart abbilden.

Die Vorgänge in der ersten Mikro- bis Millisekunde, der heißesten und dichtesten Phase unseres Universums, sind allerdings noch völlig unbekannt. Sie wären jedoch eine wichtige Erkenntnisquelle für eine mögliche allumfassende Theorie, in der alle vier Kräfte

1. die schwache Gravitationskraft (Schwerkraft)

2. die starke Kernkraft (hält zusammen mit dem Elektromagnetismus Elektronen zusammen)

3. die schwache Kernkraft

4. der Elektromagnetismus

als unterschiedliche Manifestationen einer einzigen Urkraft gedeutet werden könnten. Dass diese vier Kräfte aus nur einer Urkraft resultieren, darüber sind sich die Physiker heute weitgehend einig. Was ihnen nach eigener Aussage fehlt, ist eine umfassende Theorie in Form einer mathematischen Formel, die diese Verbindung berechenbar und beweisbar macht und zudem die Quanten- mit der einsteinschen Relativitätstheorie vereint.

Wenn Physiker von einer umfassenden Theorie sprechen, nach der sie seit Einstein auf der Suche sind, meinen sie allerdings eine Theorie, die nur für Abläufe in *unserem* Universum gültig ist. An eine Gesamt-Theorie, die alle denkbaren parallelen sowie hierarchisch angeordneten Universen einschließt, denkt derzeit meines Wissens niemand laut nach, weil es zu abstrakt ist. Die Annahmen hierüber sind noch zu vage und der Gegenstand ist zu komplex. Folglich muss zunächst eine belastbare Theorie zur Vereinigung der vier Grundkräfte *unseres* Universums gefunden sein, um es den Physikern zu erlauben, darüber hinaus zu gehen.

Zudem verfügt nach den Annahmen der Metaphysik jedes Universum über *individuelle* und in Grenzen variable Naturgesetze - sie werden dort Grundannahmen genannt, weil sie tatsächlich nicht feststehend sind. Ein Indiz für die Variabilität von Grundannahmen könnte sein, dass das sogenannte Urkilogramm seit seiner Herstellung 1889 Gewicht verloren hat. Pragmatische Wissenschaftler führen dies zwar auf das Putzen zurück, doch könnte die weitere Beobachtung auch anderer Grundgrößen wie dem über zweihundert Jahre alten Urmeter dereinst Aufschluss geben, ob hier Geist oder eine Putzkraft Einfluss nahm.

Selbst mathematische Regeln sind nach Auffassung der Metaphysik das Produkt unserer Erwartungen - denn *alles* physisch Seiende folgt dem Geist, seinem Streben und seinen Erwartungen. Kurz gesagt: wir finden, wonach wir suchen. Suchen wir nach immer ,kleineren' Teilchen, dann werden wir sie finden. Denn unsere Erwartungen und Überzeugungen erschaffen individuell wie kollektiv unsere Realität.

Zurück zur bodenständigen Physik: Während dieser ersten Millisekunde muss nun alles dichter zusammengepresst gewesen sein als ein Neutronenstern in seinem Zentrum. Künftige Erkenntnisse über diese kurze Zeitspanne sind nach Ansicht der Physiker nicht im Laborversuch verifizierbar, sondern müssten indirekt über hierauf basierende, beobachtbare Phänomene bestätigt werden.

Später, ab etwa der ersten Sekunde in der Geschichte unseres Universums, entwickelten sich leichte Elemente wie beispielsweise Helium-Atome, Deuterium und Lithium. Die schweren Atome entstanden dagegen erst wesentlich später in dessen Entwicklung als Folge einer weiteren Abkühlung durch Expansion und Verlangsamung der Ausdehnung.

Bemerkenswert ist die Annahme der Physiker, dass die Geschwindigkeit in Einsteins berühmter Formel der Relativitätstheorie vor dem Urknall Null gewesen sein muss. Folglich betrug die positive kinetische Energie ebenfalls Null ($E=mc^2$). Woher stammt dann der zum Urknall erforderliche Anstoß? Ist es möglicherweise die negative gravitative Bindungsenergie gewesen, die den Vorgang auslöste? Nach Rees [Lit 9] entspricht diese ziemlich genau mc^2, also der Ruhemasse. Damit könnten die gravitative Bindungsenergie und die Ruhemasse, welche jeweils entgegengesetzte Vorzeichen haben, genau gleich groß gewesen sein.

Oder einfacher gesagt: Damit wäre die Gesamtenergie unseres Universums im gesamten Bestehen gleich Null. Dies ist möglich, weil einige wichtige Eigenschaften des Universums, wie dessen elektrische Ladung, sich im Zeitablauf nicht verändern, sondern streng erhalten bleiben. Die Erschaffung der Materie wäre dann ein Nebenprodukt dieser Energien oder wie Rees sagte, *„sie hätte nichts gekostet"*. [Lit 9]

Unsere Branwelt kann nun nach Annahmen der Physiker aus einer in der Fläche begrenzten Bran[9] zuzüglich bis zu zehn Dimensionen bestehen. Die Anzahl der *Raum*(!)dimensionen ergaben sich in der Abkühlungsphase nach dem Urknall nach Ansicht der Physiker möglicherweise genauso zufällig wie Muster im Eis eines gefrierenden Sees. Die Naturgesetze dagegen standen schon beim Urknall fest. Das Licht, die elektrische Kraft und die Materie sind jeweils an ‚ihre' Branwelt, an ihr Universum gebunden und können dieses aufgrund von Abhängigkeiten nicht verlassen. Darin lebende physische Identitäten können also nicht über ihr Universum hinaussehen.

Die Physiker stellen sich *unsere* Bran als zweidimensionale kugelförmige Oberfläche vor. Um sie herum ist nichts mit Ausnahme unserer Dimensionen. Das Innere der Bran durchschneidet die schon erwähnte fünfte Dimension der imaginären Zeit. Auf der Bran befinden sich die vier Dimensionen der Raumzeit und nach den Annahmen der Physiker noch bis zu fünf weitere. Alles zusammen bildet unser physisches Universum.

Die vierdimensionale Oberfläche unserer Raumzeit bildet hierbei nach Hawking keine Grenze von irgendwas, noch nicht einmal von leerem Raum. Die Dimensionen sechs bis

---

zehn wären, soweit vorhanden, klein zusammengerollt. Branen können sich wie erwähnt völlig unterschiedlich hinsichtlich der Dauer ihrer Existenz und der Anzahl ihrer Dimensionen entwickeln. So wird es nicht auf jeder Bran die Ausgangsbedingungen für die Bildung von Materie und damit von physischen Leben geben. [Lit 119]

Branen sind wie alles im Universum der Quantenfluktuation unterworfen, die ihr spontanes Entstehen und Verschwinden bewirken können. Mit ihrem Verschwinden würden auch alle mit ihr verbundenen Dimensionen - wie beispielsweise die vierte Dimension der reellen Zeit [Fn. S.18], welche sich wie eine Raumrichtung verhält -, an ihrem Endpunkt, an einer Singularität angekommen sein und sich auflösen. Dieses Entstehen und Verfallen von Branen mit ihren Universen dürfte ein beständig vorkommender Prozess sein, laut Hawking dem Entstehen und Verschwinden von Dampfblasen im kochenden Wasser nicht unähnlich [Lit 119].

Die einzige derzeit bekannte, mehrere Branen verbindende Kraft ist die Gravitation. Über deren Wirkungen lassen sich bereits heute indirekt die Universen anderer Branen nachweisen. Ein vollständiger Nachweis konnte bisher jedoch nicht geführt werden, weil die Messung von sehr nahen Branen neue Entwicklungen bei den Methoden erfordert. In großen Maßstäben jedoch wie beispielsweise dem Verhalten von Sternen in Galaxien, sind eindeutige Hinweise für weitere Universen gefunden worden.

Aufgrund der vermuteten gegenseitigen Beeinflussung der Branwelten über die Gravitation nehmen Kosmologen heute an, dass sich die vierdimensionale Oberfläche unserer Bran in einem wahrscheinlich zehndimensionalen Raum befindet. Da-

bei müsste wenigstens eine weitere Branwelt
- Hawking bezeichnet sie als Schattenbran - paral-
lel zu der Unsrigen angeordnet sein. Somit gehen
also die Physiker von mindestens einem parallelen Universum aus, das sich mit dem Unsrigen in einem übergeordneten
Raum innerhalb von Dimensionen mit unbekannten Eigenschaften befindet.

Der Materieschwerpunkt unserer Bran konzentriert sich auf
die zentralen Bereiche der Sternengalaxien. Der Materieschwerpunkt der Schattenbran dagegen konzentriert sich auf
deren Randbezirke. Die Materie der Schattenbran auf Höhe
der Außenbezirke unserer Sternengalaxien beeinflusst deren
Bewegungen und Rotationen. Branwelten stehen also in einer
voneinander abhängigen Beziehung.

Da die Gravitationskraft die Brangrenzen ohne einen nen-
nenswerten Energieverlust überschreitet, wirkt sie auf die
Materie anderer Branen in ihrer Reichweite ein. Die Stärke
der Einwirkung hängt lediglich von der Entfernung ab, da die
Anziehungskraft der Gravitation mit zunehmender Entfernung zum beeinflussten Körper abnimmt. Somit wirkt die
Gravitation jeder Materie nicht nur auf Materie der eigenen,
sondern auch auf die Materie der benachbarten Branen ein.
Diese von einer anderen Bran auf die Unsrige einwirkende
Materie bezeichnen Kosmologen als *dunkle Materie*, weil sie
zwar ihre Wirkung beobachten können, nicht jedoch die Galaxien, die diese Wirkung hervorrufen.

Was befindet sich zwischen Branen? Es ist der Raum der zusätzlichen Dimensionen, die jedoch jeweils einer Bran zuge-
hörig sein müssten und folglich an der nächsten enden. Beispielsweise würde sich ein auf unserer Bran befindliches gro-
ßes schwarzes Loch über die Raumzeitgrenze in die Zusatzdi-

mensionen ausdehnen, jedoch deren Begrenzungen nicht überschreiten. Lediglich dessen Gravitationswirkung würde auf Materie anderer Branen einwirken. Die von schwarzen Löchern emittierten Teilchen und deren Strahlung dagegen bewegen sich wie das Licht nur entlang der Bran. Denn Materie und alle nicht-gravitativen Kräfte sind auf jeweils eine Bran beschränkt.

Rees, Linde und dem US-amerikanischen Kosmologen Smolin ist diese Sichtweise noch zu eng. Sie nehmen an, dass unser Universum nur Teil einer großen Gesamtheit zahlloser Universen mit jeweils eigenen Naturgesetzen, einer eigenen Anzahl Dimensionen und einer eigener Lebenszeit ist. Diese Theorie der Multiuniversen läuft darauf hinaus, unser Universum nicht als einmalig zu sehen und kommt den Annahmen der Metaphysik schon recht nahe. Sie steht jedoch im Gegensatz zur herrschenden Auffassung unseres Kulturkreises. Doch auch die Menschen im vorkopernikanischen Weltbild mussten lernen, dass die Erde ein ganz gewöhnlicher Stern unter vielen am Rande des Milchstraßensystems ist.

Die erwähnten Kind-Universen könnten also nach Ansicht heutiger Physiker aus schwarzen Löchern eines Elternuniversums entstehen. In Letzteren könnte ein umgekehrter Vorgang stattfinden, wie wir ihn im Urknall vermuten. Die Materie, überhaupt sämtliche von einem schwarzen Loch eingefangenen Teilchen werden durch die darin wirkenden Kräfte in ihre zu Beginn des Urknalls bestehenden Bestandteile zurück verwandelt - möglicherweise bis in die eine *Urkraft*.

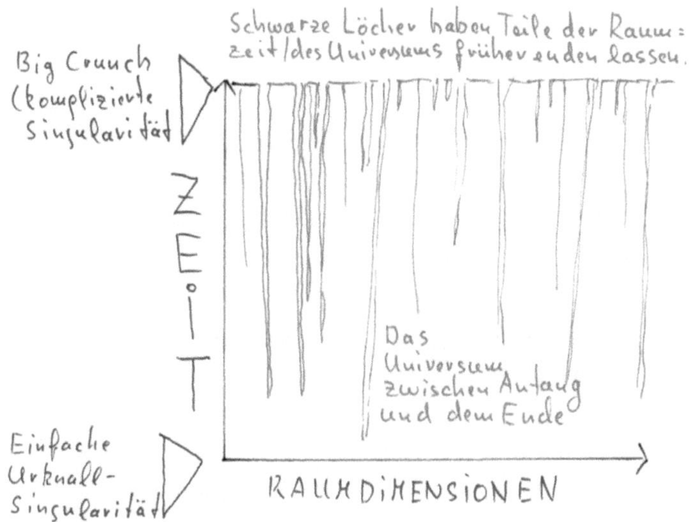

Schwarze Löcher bilden schon lange vor dem Ende des Universums Singularitäten, in denen die Raumzeit endet und in ihnen enthaltene Materie extrem komprimiert wird

Derartig entstandene Kind-Universen enthalten nach Rees und Hawking weniger Ausgangsmasse als das Eltern-Universum, weil sie nur einen Teil der Eltern-Masse über das schwarze Loch zur Verfügung gestellt bekommen. Im Modell der Physiker muss ein angenommenes äußerstes Universum eines mit einer unvorstellbar großen Energiemenge sein, bevor es das erste Kind-Universum gebar. Ob dieser Ableger hierbei nach seinen individuellen Naturgesetzen schwere Atome und daher Masse entwickelt oder nicht, ist unerheblich. Die Energiemenge eines ungeteilten Ausgangsuniversums ist hiernach identisch mit der Energiemenge aller verschachtelten Universen dieses Konstruktes, nachdem die Teilung begann.

Dem widerspricht jedoch die Metaphysik. Zum einen betrachten heutige Wissenschaftler die sekundäre physische

Projektion - also Materie -, um hierüber auf den Ursprung eines Universums zu schließen. Dieser ist jedoch Geist und das Universum somit eher eine Gedankenkonstruktion als irgendwas, was man anfassen könnte. Zum anderen geht die Metaphysik davon aus, dass es in dieser verschachtelten Hierarchie physisch *und* geistig projizierte Realitätssysteme gibt und deren Energien von All-das-was-ist[10] über die Wesenheiten ohne Begrenzung und kontinuierlich zur Verfügung gestellt werden. Zudem entstehe aus jedem schöpferischen Akt neue Energie, so dass diese niemals versiegt. Nach den Annahmen der heutigen Metaphysik ist ein Universum nur das energetische und folglich pulsierende Konstrukt zur Aufnahme unzähliger Sphären als höchst individuell zu projizierende Lebenssysteme. Im Band zero werden die Zusammenhänge dargestellt.

Die ‚abgezweigten‘ Energien, von denen Physiker sprechen, dienen somit eher der Informationsübertragung der *diese Welt initiierenden individuellen Bewusstseine*. Und so sind nach Ansicht der Metaphysik schwarze wie weiße Löcher eher Kanäle eines kontinuierlichen Datenaustauschs als Urknall-Initiatoren. Das hört sich zudem nicht nur an wie ein ständig ablaufender Prozess, sondern ist es auch.

Die Hypothese der Physiker zu Eltern-/Kind-Universen führt also zwingend zur Annahme hierarchisch geschachtelter Welten. Diese beinhalten nach Annahmen der Metaphysik sowohl nur geistig angedachte Vorstufen physischer Projektionen als auch vollgültige, physisch realisierte, schöpferische Variationen der *Geschichte eines Individuums*.

---

[10] *Die wesentlichen Begriffe der Metaphysik sind in der Begriffserläuterung im Anhang erklärt.*

Parallele Universen beherbergen hiernach diejenigen alternativen Verläufe der persönlichen Selbst aller Identitäten, welche zeitlich früher in den Historien der persönlichen Psychen der Individuen abgespalten wurden. *Kind-Universen* sind dagegen sozusagen ‚eigene‘, alternativ agierende Ableger des aktuellen Ichs.

Zurück zur Physik. Die schwarzen Löcher eines Eltern-Universums zweigen so oder so Energie ab und bilden daraus nach Rees aufgrund eines Quanteneffektes ein Kind-Universum. Hierbei bleibt dem Eltern-Universum die Gravitationswirkung der abgegebenen Masse erhalten. Denn die Gravitation wirkt Branen-übergreifend und ist in ihrer Wirkung als einzige der vier Grundkräfte nicht auf unser Universum beschränkt. So wirken auch Kind-Universen unseres physischen Universums über die Gravitation ihrer Materie auf unsere Galaxien ein - sofern diese Materie ausgebildet haben.

Der US-amerikanische Kosmologe Smolin beschreibt eine Art Evolution der Kind-Universen, welche wiederum Universen mit nahezu identischen Naturgesetzen als Nachfahren gebären: Nur die Universen mit den meisten Nachfahren und günstigsten Naturgesetzen würden sich durchsetzen, die anderen würden aus der Artenvielfalt verschwinden.

Das erste Auftreten von Materie und der Zeit

Nach dem deutschen Physiker Dr. Harald Fritzsch geht die Wissenschaft davon aus, dass die Bildung von Materie in etwa wie nachfolgend beschrieben vonstatten ging. Die wissenschaftlichen Erkenntnisse gelten dabei als gesichert bis etwa eine Milliardstel Sekunde nach dem Urknall, dem Bereich von 10^{-8} bis 10^{-9} Sekunden. Es bedarf der in diesem Zeitfenster herrschenden enormen Energiedichte von etwa 100 GeV[11], um Masse zu erzeugen - nicht nur im Urknall, sondern auch im Experiment im Teilchenbeschleuniger. Die Naturgesetze [Begrifflichkeit der Metaphysik: Grundannahmen] sind dabei nicht an die Masse gebunden, sondern schon vom Vakuum vorgegeben. So wäre die Gravitation bereits eine Eigenschaft des Vakuums, obwohl dieses noch keine Masse beinhaltet.

Ursprünglich, ganz am Anfang, war das Universum kalt mit einer hohen Vakuum-Energiedichte. Die anfängliche Inflation, also eine Ausdehnung in diesem Stadium durch spontane Quantenfluktuation eines sogenannten Feldes im unendlichen Gesamtsystem, wurde etwa 10^{-32} Sekunden nach dem Urknall gestoppt. Allerdings ist unklar, wann Raum und Zeit genau auftreten. Das Auftreten von Zeit setzt nach Fritzsch [Lit 27] Masse voraus und kann daher erstmalig mit dem nachfolgend beschriebenen Zusammenbruch der Symmetrie, bei dem die Masse des Universums entstand, in Verbindung gebracht werden.

Das passt zu Ingrischs Annahme aus der Metaphysik, dass die Zeit mit dem Urknall nicht einfach da war. Sie wäre nach

---

[11] *GeV = Gigaelektronenvolt*

ihrer Auffassung das Abfallprodukt der Bewegung der Materie, also der von Physikern vermuteten Expansion unseres Universums, welche wir als Zeitfluss wahrnehmen [Lit 122]. Mit Sicherheit lässt sich feststellen, dass der Formulierung einer vereinheitlichenden universalen allumfassenden Theorie das Verstehen der Natur der Zeit vorausgehen muss. Die Festlegung, die Zeit als eine vierte Raumrichtung einzuordnen, geht hierfür nicht weit genug.

Eine Marke für das erste Auftreten von Zeit könnte - ohne diesen Annahmen zu widersprechen - die Planksche Elementarzeit sein, die auf 10^{-43} Sekunden nach dem Urknall fixiert ist. Alles davor wäre möglicherweise nicht der Raumzeit dieses Universums zuzuordnen, sondern dem dieses Universum gebärende übergeordnete System.

Das System der Universen könnte einem unendlich großen Topf kochenden Wassers ähneln, in dem sich ständig Blasen - das sind die Universen - bilden und wieder auflösen. Die anfängliche Inflation durch spontane Quantenfluktuation war ein labiler Zustand, resultierte aus den hohen Energien zu Beginn des Prozesses. Die Naturgesetze des daraus entstandenen Universums lassen dieses nun jedoch in Richtung schwächerer Energien entwickeln. Und zwar ab dem Zustand der gebrochenen Symmetrie um etwa 10^{-35} Sekunden nach dem Urknall, in dem die spontane Quantenfluktuation aufhörte.

Beim Bruch einer Symmetrie wird - analog zum Gefrieren von Wasser, welches auch der Bruch einer Symmetrie ist - Wärme freigesetzt. Dies ließe sich so erläutern: Bei diesen anfänglich hohen Energien ist der Unterschied zwischen den Materieteilchen Quarks, Elektronen und deren Antiteilchen nicht vorhanden. Sie sind verschiedene Manifestationen ein und desselben Grundbausteins der Materie. So könnten diese Materieteilchen in diesem energiereichen Umfeld aus einem Zustand der noch nicht getrennten, also der *noch vereinheitlichten* fundamentalen Grundkraft, entstanden sein. Und zwar in der Summe mit genau der Energiemenge dieser Grundkraft, welche sich nach dem Symmetriebruch in Gestalt hoch erhitzter Gase - bestehend aus Elementarteilchen wie Leptonen, Quarks, Photonen, Gluonen, W- und Z-Teilchen etc. - manifestiert. Dies wäre der Übergang von einem Vakuum zum anderen, welcher die nötige Energie liefert, die man ansonsten als Gott gegeben voraussetzen musste.

Das Proton erhält dabei seine Masse nur aus einer Wechselwirkung der nach heutiger Kenntnis masselosen Teilchen Quarks und Gluonen. Also rein dynamisch aus der sogenannten Feldenergie, die eigentlich besser Bewegungsenergie heißen müsste. Auch nach Fritzsch wird den erwähnten W-und Z-Teilchen Masse durch eine Wechselwirkung in einem angenommenen Higgs-Feld gegeben. Masse ist somit das Ergebnis der durch die herrschenden Kräfte begrenzten Bewegungen der beiden Teilchenarten im kleinen Raum des Protons.

Die Massen der Atomkerne sind also ein Produkt der Feldenergien von Quarks und Gluonen. Dies ist genau der Übergang von den Energieströmen der alles umfassenden Psyche zur subatomaren Ebene der ‚physischen Welt der Erscheinungen'. Dieser Begriff geht auf Platon, Kant und Schopenhauer zurück. Seine Korrektheit in der Intention wird in der Metaphysik von Roberts bestätigt. Nach Auffassung dieser Vordenker sind wir nicht tatsächlich hier im Physischen, unser primäres Sein sei anderswo. Alles Physische sei nur *Ausdruck* geistiger Vorgänge. Selbst unser äußeres Wachbewusstsein ist als Teil der Gesamt-Psyche ein geistiges Energiemuster. Und infolge unzerstörbar. Wir denken und agieren, indem wir mit Energien hantieren. Schopenhauers Begriff der ‚physischen Welt der Erscheinungen‘ impliziert eine Trennung zwischen der dem äußeren Wachbewusstsein vertrauten, physischen Projektion und dem inneren Selbst vertrauten geistigen Psyche. Doch beide Bereiche basieren auf elektromagnetischen Energiefeldern und Verbindungen.

Dass diese Annahme großer Vordenker der Physik vertraut ist, belegt der Begründer der Quantenphysik, der deutsche Physiker Max Planck. Denn in diesem Fachgebiet beschäftigt man sich bereits seit gut einhundert Jahren mit genau dieser Problematik. So verkündete er anlässlich eines Vortrags im Gelehrtenkongress in Florenz 1930, dass es keine Materie an sich gibt, sondern *„alle Materie entsteht und besteht nur durch eine Kraft, welche die Atomteilchen in Schwingung bringt und sie zum winzigsten Sonnensystem des Atoms zusammenhält.*

Da es im ganzen Weltall aber weder eine intelligente Kraft noch eine ewige Kraft gibt [...] so müssen wir hinter dieser Kraft einen bewussten intelligenten Geist annehmen. Dieser Geist ist der Urgrund aller Materie. Nicht die sichtbare, aber vergängliche Materie ist das Reale, Wahre, Wirkliche - denn die Materie bestünde ohne den Geist überhaupt nicht - , sondern der unsichtbare, unsterbliche Geist ist das Wahre.

Da es aber Geist an sich ebenfalls nicht geben kann, sondern jeder Geist einem Wesen zugehört, müssen wir zwingend Geistwesen annehmen. Da aber auch Geistwesen nicht aus sich selber sein können, sondern geschaffen werden müssen, so scheue ich mich nicht, diesen geheimnisvollen Schöpfer ebenso zu benennen, wie ihn alle Kulturvölker der Erde früherer Jahrtausende genannt haben: Gott.

Damit kommt der Physiker, der sich mit der Materie zu befassen hat, vom Reiche des Stoffes in das Reich des Geistes. Und damit ist unsere Aufgabe zu Ende, und wir müssen unser Forschen weitergeben in die Hände der Philosophie."

Hierzu passt das folgende Gedicht von Herman Löns:

> *Es gibt nichts Totes auf der Welt,*
>
> *hat jedes seinen Verstand,*
>
> *es lebt das kahle Felsenriff,*
>
> *es lebt der dürre Sand.*

Die Metaphysik sieht Materie ähnlich als *„Schwingung des Bewusstseins"* [Lit 142] und schreibt die Gesetzmäßigkeiten der Quantenphysik und ihren Elementarteilchen einem Energiesystem zu, das unserem physischen Universum übergeordnet ist [Lit 134].

In der Metaphysik stellt sich, auf den Menschen bezogen, die Schnittstelle vom Geist zur Materie folgendermaßen dar: Der vorwiegend in sich kreisende Energiefeld eines aus Wach- und persönlichen Unterbewusstsein bestehenden, persönlichen Selbst durchdringt den subatomaren Energiestrom der Zellbewusstseine seines physischen Körpers. Das persönliche Selbst zieht auf Basis der Überzeugungen und Erwartungen des Individuums entsprechende Ereignisse an. Diese werden gemeinsam mit dem energetischen Konstrukt des Planeten und demjenigen alles anderen Seienden in eine physische Darstellung projiziert - und zwar mittels innerer Sinne. Und individuell durch jedes einzelne Individuum.

Es ist dann der physische Körper, dessen äußere Sinne die physische Projektion just in dem Moment wahrnehmen, in dem sie projiziert wurde. So sehen wir mit den Augen nur eine individuell interpretierte, gleichsam virtuelle Realität. Eben eine Erscheinungswelt, wie Schopenhauer sagte, die von All-das-was-ist über die Wesenheiten kontinuierlich mit Energie versorgt wird, so dass es nicht nur den einen initialen Anstoß des Urknalls gab.

Doch zurück zu den Annahmen der Physik. Jeder Prozess in der Natur ist im Prinzip auch umkehrbar. Das heißt, dass in der Zukunft unseres Universums eine Vereinheitlichung der fundamentalen Kräfte erst wieder bei derart hohen Energien einsetzten würde, wie sie schon zu Beginn unseres Universums herrschten. Die Massen der Teilchen, also die Materie, wie wir sie heute sehen, ist in der Anfangsphase des Urknalls aus einem homogenen Gasgemisch durch einen Zusammenbruch von dessen Symmetrie unter Energiefreisetzung gebildet worden. Materie ist somit nur eine besondere Form der Energie.

Die in diesem Prozess freigesetzten Energien waren es auch, welche die weiteren Veränderungen noch im Verlaufe des Urknalls ermöglichten bis hin zur von Physikern vermuteten, demnach noch heute wirkenden Expansion des Universums durch Quantenfluktuation. Diese Expansion vergrößert die Entfernungen aller Galaxien voneinander um einen Bruchteil von 10^{-10}, das entspricht etwa 0,1 Millimeter pro Jahr auf der 1000 Kilometer-Distanz London/Berlin. Die Endpunkte beliebiger Strecken entfernen sich also mit dieser Geschwindigkeit voneinander.

Wie das ebenfalls durch Brechung einer Symmetrie entstandene Eiskristall hat nun auch die ebenso entstandene Materie bevorzugte Raumrichtungen. Die zunächst sehr einfach strukturierten, leichten Atome gingen im Laufe der Zeit durch erneute extreme Temperatureinwirkungen - z.B. bei Stern-Explosionen - weitere Verbindungen zu immer komplexeren Strukturen ein. So entstanden schwere Atome. Inzwischen kommen jedoch keine neuen Atome mehr hinzu. Im Gegenteil - die vorhandenen zerfallen nach und nach in einem kontinuierlichen Prozess mit etwa ½ bis 1 Atom pro Körper und Menschenleben.

Kapitel 3 Zeitfluss und Gravitation

Zeit & Gravitation in der Diskussion

Einstein gewann seine bedeutendste Entdeckung - die Gravitationstheorie, oft auch als allgemeine Relativitätstheorie bezeichnet - durch Nachdenken und tiefe Intuition. Ihre innere Logik schien so zwingend, dass Einstein sich wenig gedrängt fühlte, sie gegenüber Kritikern zu verteidigen.

Nach seiner Auffassung gibt es in unserem Universum unendlich viele, relativ zueinander gleichförmig bewegte Bezugssysteme, in denen zwar die Naturgesetze [Begrifflichkeit der Metaphysik: Grundannahmen] alle dieselben, jedoch deren Zeiten und Abstände im Raum jeweils unterschiedlich sind. Daraus ergibt sich ein dynamisches Wechselspiel von Raum, Zeit und Materie, wobei die Materie in Abhängigkeit von ihrer Masse die Raumzeit krümmt, während die Raumzeit in ihrer trägen Expansion die Richtung vorgibt. Beide bedingen sich gegenseitig. Die Gravitation ist also das Resultat der Geometrie aus Raum, Masse und Zeit. Die Zeitverbiegung durch die Gravitation ist der Grund, warum der Apfel zu Boden fällt.

Im Folgenden spreche ich - mich der allgemeinen Erfahrung anpassend - von einem Zeit*fluss*, wenngleich die Raumrichtung der Zeit nach Einstein wie eingefroren, unbeweglich und ewig verharrt. Es sind die äußeren Wachbewusstseine der im Universum eingebundenen Lebewesen, welche sich durch die starr verharrende Zeit hangeln so wie Autos sich durch eine bereits vorhandene Landschaft bewegen.

Wenn sich nun die äußeren Selbst der Lebewesen mit ihren physischen Körpern in individueller Geschwindigkeit durch die eingefrorene Raumzeit ihres Universums bewegen, dann folgen sie auch dem Sog der Schwerkraft, also der Gravitation. In räumlicher Bewegung kommen die Körper damit nur bis zum Erdboden, doch bewegt sich der betreffende Planet ebenfalls im expandierenden Zeitfluss, wodurch es für alle Individuen in ihrer Eigenzeit auch dann weitergeht, wenn sie ruhig auf dem Boden stehen. Es ist nur die Masse unseres Planeten, welche diesen übergeordneten Zeitfluss in Richtung Erdmitte ablenkt.

Ein kleiner Einschub: Es ist schwierig, in der Sprache präzise zu sein und - von in dieser Zeit allgemein akzeptierten Annahmen ausgehend - neben den Erkenntnissen der Physik die im Band zero skizzierten Annahmen der Metaphysik darzustellen. Da kommt es zu Verzerrungen. Aus dem Blickwinkel der Metaphysik lautet der vorherige Absatz beispielsweise so:

‚Wenn sich nun die äußeren Wachbewusstseine der Lebewesen in relativ frei gewählter Geschwindigkeit über die akzeptierten wahrscheinlichen Verläufe in der geräumigen Gegenwart von Planck-Zeit zu Planck-Zeit der gleichsam eingefrorenen Universen hangeln, entsteht nur aus dieser Bewegung der Eindruck von Zeit, welche der Physiker als Schwerkraft, also als Gravitation deutet. Jede dieser Bewegungen beinhaltet jedoch eine schöpferische geistige Ausdehnung alles im Universum Seienden, die nichts mit räumlicher Ausdehnung zu tun hat.‘

Doch zurück zur Physik. Nach Fritzsch repräsentiert die Schwerkraft den Fluss der Zeit. Und dessen Fließgeschwindigkeit ist abhängig von der das Lebewesen umgebenden Masse [Lit 27]. So verläuft die Zeit in der Nähe größerer Materie-Anhäufungen im Blick eines *entfernten* Beobachters schneller. Die jeweils in den unterschiedlichen Bezugssystemen empfundene Eigenzeit ist jedoch stets identisch und nur von der Wahrnehmung des betreffenden Wachbewusstseins abhängig.

Der Fluss der Zeit ist somit ein Äquivalent zur Gravitation. Beide resultieren aus der von Physikern angenommenen *Expansion des Universums* und sind dessen Abfallprodukte. Zeit und Gravitation sind hiernach die Folgen einer Bewegung des Raums. In diesem Raum, unserem Universum, ist die Zeit nur dort von Materie nahezu unbeeinflusst, wo sie sich in großer räumlicher Entfernung zu ihr befindet.

Hier sein angemerkt, dass die Krux der Physik ist, das sie in der Betrachtung des Universums einen *physisch projizierten Ausdruck des Geistes* deutet und daraus Gesetzmäßigkeiten ableitet. So als würde der Schwanz mit dem Hund wedeln. Zudem akzeptiert sie nur diejenigen Daten, welche sie bedeutsam findet und versucht all das zu ignorieren, was dieses Glaubenskonstrukt schwächen könnte. Sie versucht, mit der Erforschung von Tarnungsmustern geistiger Welten auszukommen, doch lehrt sie die Quantenphysik, dass dies nicht reicht. Die Quantenphysik kommt nur dann voran, wenn sie Geist als Grundlage alles Seienden akzeptiert. Und in Kauf nimmt, dass nicht alle weiterführenden Forschungsergebnisse reproduzierbar beweisbar sind.

Wenn wir die Mathematik anschauen, dann könnten wir erkennen, dass sie eine Erfindung der nach Lösung suchenden Wissenschaftler ist. Ihre Ordnungsstruktur basiert auf deren Vorstellungen von theoretischer Struktur und Voraussagbarkeit. Und damit Bestandteil der Camouflage. Das gleiche gilt wie oben gesagt für alle technischen Geräte:

„Statistisch gesehen kann die Position eines Atoms theoretisch festgelegt werden. Aber niemand weiß, wo sich ein bestimmtes Atom zu einer bestimmten Zeit befindet. Ihr erforscht wahrscheinliche Atome. Ihr setzt euch aus wahrscheinlichen Atomen zusammen. Bewusstsein musste, um völlig frei zu sein, mit Unvoraussagbarkeit ausgestattet werden. Atome können sich in mehrere Richtungen zugleich bewegen. Innerhalb der Wissenschaft nehmt ihr nur die wahrscheinliche Bewegung wahr, an der ihr interessiert seid. Dasselbe trifft auf die subjektive Erfahrung zu.“ [Lit 190]

Atome sind nach Auffassung der Metaphysik sich selbst bewusste Bewusstseine, welches in vielen Wahrscheinlichkeiten zugleich physisch oder geistig projiziert werden. Sie nur in Bezug auf unser Wahrscheinlichkeitssystem zu betrachten würde ihnen nicht gerecht werden.

Ebenso verhält es sich mit inneren Erfahrungen. Die Filterung derjenigen inneren Informationen, die das äußere Wachbewusstsein erreichen, erfolgt durch das persönliche Unterbewusstsein unter Berücksichtigung der Glaubenssätze und Absichten des betreffenden Individuums. So langsam realisiert die Quantenphysik, dass die Grundlage alles Physischen Geist ist, das Beobachtete folglich nur spontaner Ausdruck desselben und grundsätzlich unvoraussagbar ist. Und sein muss.

Zurück zum Thema. In einem fallenden Fahrstuhl oder im freien Fall eines Fallschirmspringers ist keine Gravitation spürbar. Das, was man an Widerstand während der Kraftausübung einer Beschleunigung spürt, ist der Luftwiderstand. 9,81 m/s beträgt beispielsweise die Beschleunigung durch die Erd-Gravitation. Ist diese Geschwindigkeit erreicht, spürt der im freien Fall Befindliche keinerlei auf ihn einwirkende Kräfte. Er ist schwerelos, befindet sich damit in einem lokalen *Inertialsystem*.

Dies ist eine grundlegende Erscheinung der Gravitation, die auch als Äquivalenzprinzip bezeichnet wird: *Jedes* Ereignis ist in ein Bezugssystem eingebettet, in dem in der nahen Umgebung um dieses Ereignis (lokal) keine gravitativen Wirkungen wahrgenommen werden. Dies bedeutet auch, dass für frei fallende Bezugssysteme lokal die Gesetze der *Speziellen Relativitätstheorie* (SRT) gelten.

Dieses Äquivalenzprinzip nun besagt, dass Gravitation und eine in der Stärke genau ihr entsprechende Beschleunigung gleichwertig sind. Herunter geworfene Teile passen sich, wie der Fallschirmspringer, für eine kurze Zeit genau an die Bewegung des Raumes an - und damit an den Fluss der Zeit, sofern wir die bremsenden Einflüsse des Luftwiderstands einmal ignorieren.

Fallende Körper streben also an, genau in der Geschwindigkeit der Raumbewegung und damit in der Geschwindigkeit des Zeitflusses zu treiben; Masse ist somit bemüht, sich dem Strom der Zeit anzupassen und im Verhältnis zu diesem in Ruhe zu sein. Dies trifft auch auf Planeten zu. Erst die Einwirkung einer Kraft kann die materiehaltige Masse davon abhalten, sich dem Strom der Zeit anzupassen. [Fritzsch - Lit 27]

Folglich fällt auch ein Apfel nicht durch eine Kraft gezogen vom Baum, sondern er treibt in seinem Fall widerstandslos, ohne Kräfteeinwirkung, in der Raumzeit. Solange der Apfel hängt, übt daher der Zweig eine Kraft genau entsprechend der Stärke der Gravitation auf ihn aus. Die Gravitation existiert jedoch nicht als eigenständige Kraft. Sie ist ein Abfallprodukt, ein Nebeneffekt der Raumzeit-Krümmung.

Die Stärke der Gravitation und damit des Zeitflusses ist also zum einen abhängig von der umgebenden Masse. Zum anderen von der Raumbewegung, also dessen Expansionsgeschwindigkeit. Die umgebende Masse wiederum ist abhängig von der eigenen Position im Universum. Die Geschwindigkeit der Raumbewegung als solche ist dagegen unbeeinflussbar und hängt allein von der Entfernung des Ereignispunkts zum Urknall ab. Ein solcher *Ereignispunkt* ist eine einmalige Position in Raum und Zeit des Universums.

Wir werden in einem Gravitationsfeld durch die Geometrie der einflussnehmenden Massen kontinuierlich beschleunigt. Je stärker nun die Gravitation, also die Raumzeitverbiegung ist und je größer folglich die Beschleunigung und Raumzeitverbiegung auslösende Materieanhäufung ist, desto langsamer vergeht nach Einstein die reelle Zeit [Fn. S.17] bis hin zum Stillstand beim Erreichen der Lichtgeschwindigkeit beispielsweise in einem schwarzen Loch.

Die Geometrie des Raumes verändert sich durch eine nahe Masse-Ansammlung oder Energiequelle derart, dass ein Betrachter getäuscht wird: Er kann nicht sehen, dass sich der Raum krümmt und die kürzeste Verbindung zwischen zwei Punkten nicht mehr eine gerade Linie, sondern eine dem massereichen Objekt zugewandte Bahn ist. Masse verkrümmt also durch die Dynamik der Geometrie den Raum.

Die Krümmung ist jedoch außer bei einer Kugeloberfläche ein lokales Phänomen, das heißt vom Standpunkt des Beobachters abhängig [Fritzsch - Lit 27]. Dieses ist jedoch nur ein Nebeneffekt der allgemeinen Relativitätstheorie, wichtiger ist es, Raumbewegung und Zeitfluss als Einheit zu betrachten.

In einem angenommenen Abbild unserer vierdimensionalen Raumzeit ist ein vordergründig ruhender Körper nicht etwa ein Punkt, sondern in Bewegung und bildet folglich eine Linie. Will man nun aus dieser durch die Raumexpansion vorgegebene Bewegung ausbrechen, muss man Widerstände überwinden, also entsprechend beschleunigen.

Ein Beispiel: Wenn wir Menschen uns vom Stuhl erheben, müssen wir dazu den Widerstand unserer gleichmäßigen Bewegung im Fluss der durch Gravitation abgelenkten Zeit überwinden. Und der expansiven Raumbewegung entgegenwirken, welche auf einer geraden Linie vom Stuhl zum Erdmittelpunkt führt. Diese Bewegung zum Erdboden, die Erdanziehungskraft, der wir so kontinuierlich ausgesetzt sind, ist also die abgelenkt verlaufende Zeit, welche wir als zum Zentrum der Masse umgelenkte Raumrichtung wahrnehmen. Und somit verhält sich dieser Fluss der Zeit analog zur Gravitation.

So sind Gravitation und Zeitfluss in ihrem eigentlichen Wesen nicht als eigenständige Kräfte anzusehen. Sie sind aus Sicht der Physiker das Ergebnis des Wirkens von *Raum* im Zusammenhang mit *Materie* und *Bewegung*. Diese zusammen ergeben in dem geschlossenen System des Universums die nicht voneinander verschiedenen Erscheinungen der Gravitation und des Zeitflusses:

„Zeit ist im Raum integriert als Bewegung, ist eine Facette der Bewegung", sagt der Physiker Wolfgang Huß [Lit 144]. Es ist im Grunde eine Bewegung der im System eingebundenen Bewusstseine, welche sich über ihre Wahrnehmung entlang Einsteins vierter Zeitdimension fortbewegen.

Nach Auffassung der Physik ist die reelle Zeit also eine Wirkung der kontinuierlichen Raumausdehnung. Die Raumausdehnung ist ein Abfallprodukt der Initialexplosion - des Urknalls. Die Materie erschafft in Verbindung mit der expandierenden Bewegung den Raum; die erforderliche Bewegungsenergie resultiert noch aus dem Anschub durch den Urknall. Solange nun der Raum des physischen Universums in Bewegung ist, nehmen die darin Befindlichen über die sich ausbreitende Materie einen Zeitfluss und Gravitation wahr. [Lit 142, 144]

Wie schon angeführt (vgl. S.24), spricht die Metaphysik, weil allem Geist zugrunde liegt, von einer *spirituellen Expansion des Geistes*, welche wir als Expansion des Universums wahrnehmen. Jeder Augenblickspunkt mit der Dauer der Planck-Zeit (Fn. S.17) wird kollektiv wie individuell schöpferisch mit sämtlichen Verzweigungen wahrscheinlicher Verläufe erschaffen. Es ist eine schöpferische Entwicklung, eine schöpferische Ausdehnung des im Universum Seienden, welche sich beim Blick des Physikers in das primär geistige Universum als räumliche Expansion darstellt.

Auch Energie unterliegt nach Einstein genau wie die Masse der Relativitätstheorie der Gravitation. Energie kann also wie Masse die Geometrie der Raumzeit verbiegen und ist quasi dasselbe. Die Gravitation, dieser Fluss der Zeit, dieser Nebeneffekt der Raumzeitkrümmung, könnte man sich bildlich als ein Feld vorstellen: *Jede* Materieansammlung vom Atom bis zum Stern und jede Energiequelle krümmt den Raum um sich herum. Die Stärke der Krümmung nimmt mit der Masse des Körpers respektive der Energie zu, und mit wachsender Entfernung von ihr wieder ab.

Der Raum ist damit ein dynamisches Gebilde, das sich ständig um die sich bewegenden Himmelskörper herum verbiegt.

Man kann dies an einem straff gespannten Gummituch veranschaulichen: Lässt man eine massehaltige Kugel darin herumlaufen, so erzeugt sie um sich herum eine Mulde, die sich mit der Kugel bewegt. Die Mulde entspricht der Raumkrümmung [Hawking, Fritzsch].

Manche Wissenschaftler sind trotz dieser seit Einstein offenliegenden Erklärung der Gravitation unablässig auf der Suche nach ‚Gravitationsteilchen'. So wird noch im Jahre 2007 angenommen, die String-Theorie könnte dieses Teilchen - ‚Graviton' genannt - bieten. Im String-Modell löst sich das Graviton als Überträgerteilchen der Schwerkraft aus einer kleinen Schlaufe von einem offenen String ab. So entstünde die Gravitationswirkung der Sonne auf die Erde, indem ein Graviton von einem Teilchen in der Sonne emittiert und von einem Teilchen in der Erde absorbiert werde. Solange die Stringtheorie jedoch derartige Annahmen zulässt respektive stützt, ist sie nicht ausgereift.

Ergänzende Anmerkungen

Im Folgenden betrachten wir die wechselseitige Abhängigkeit von Zeit, Masse und Bewegung. Schon nach dem deutschen Philosophen Schopenhauer, welcher gut einhundert Jahre vor Einstein lebte, gäbe es ohne Materie keine Zeit. Diese Feststellung lässt sich ausweiten:

- Ohne Materie, gäbe es weder Bewegung noch Zeit.

- Ohne Bewegung gäbe es weder Materie noch Zeit.

- Ohne Zeit ist Materie undenkbar.

Um dies zu verdeutlichen, betreiben wir noch einige Wortspiele:

Gravitation und Zeit sind die Wirkung der lt. Metaphysik im Grunde geistigen Ausdehnung des Universums, gewissermaßen die Wirkungen ihres Sogs. Ist die Gravitation durch die Nähe zu großen Massen stark, fließt dort die Zeit schnell - und umgekehrt. Gravitation und Zeitfluss resultieren also aus der kontinuierlichen Bewegung des gesamten Raums des Universums unter dem Einfluss von Materie in Abhängigkeit von dessen Geschwindigkeit und Masse. Gravitation ist die aufgrund von Materie und in Abhängigkeit von deren Geschwindigkeit und Masse fließende Zeit. Die drei Faktoren *Masse, reelle Zeit* [Fn. S.17] und *Bewegung* treten nur zusammen auf. Entfällt ein Faktor, gibt es auch die anderen nicht mehr.

Da nun das Universum auch große Bereiche mit relativ wenig Materie umfasst, ist die Geschwindigkeit des Zeitverlaufes auf der Schiene der 4. Zeit-Dimension regional sehr unterschiedlich. In fast leeren Bereichen steht die Zeit nahezu still.

Es lässt sich daher nach meiner Auffassung kein im ganzen Universum gültiges *Alter des Universums* mit der Messeinheit ‚Jahr' festlegen, weil diese in Abhängigkeit umgebender Masse und deren Geschwindigkeit ist. Die Kosmologie berechnet das Alter des Universums jedoch in dieser Einheit.

Berechneten wir aus unserer Position auf dem Planeten Erde heraus das Alter des Universums, so ‚stimmt' diese Zahl nur im Verhältnis zum Bezugssystem Planet Erde. Menschen in einem anderen Sonnensystem könnten mit den gleichen Methoden zu einem anderen Wert kommen. Diejenige Berechnungen, welche wir auf unserem, einem individuellen Zeitfluss unterliegenden Planeten vornehmen, taugt auch nur dort und würde an einer anderen räumlichen Position im Universum in gleicher Entfernung zum Urknall andere Ergebnisse bringen.

Was dann? Die reelle Zeit ist unter den vier Raumrichtungen die große Variable, da sie mehr als die anderen durch Materie und Energiequellen beeinflusst wird. Wie erwähnt hat die runde ballförmige Oberfläche des Universums Dellen wie ein Ball mit Beulenpest: die Ablenkungen der Raumrichtungen durch die auf dem Weg liegende Materie führen zu nicht geraden Verläufen. Bewegten wir uns jedoch auf einer dieser Raumrichtungen, würden wir diese Verwindungen nicht bemerken. Erst bei einer Betrachtung von außen aus einer beliebigen Position außerhalb unserer Raumzeit würden wir die Umwege der Raumrichtungen und die daraus entstehenden Verwerfungen erkennen.

Dennoch könnte man als Ersatz für die Einheit ‚Jahr' berechnen, dass wir uns soundso weit vom Urknall entfernt befinden. Dieser Wert ist immerhin von jedem Ereignispunkt im Universum aus berechnet nahezu derselbe. Die Größeneinheit

‚Lichtjahr'[12] könnte hierfür Verwendung finden, weil es ein Längenmaß und kein Zeitmaß ist.

Zwar kommt es bei den klassischen drei Raumrichtungen auch zu deutlichen Ablenkungen durch Materie, doch eignen sie sich nach meiner derzeitigen Auffassung für eine Messung des Abstandes unserer Position vom Beginn des Universums noch am besten. Das Alter des Universums ist also möglicherweise nicht in Jahren zu erfassen. In Lichtjahren gemessen ist es derzeit etwa 78 Milliarden Lichtjahre weit ausgedehnt.

Die Raumrichtung der Zeit ist also als Messwert kaum für etwas anderes zu gebrauchen, als hier auf unserem Planeten den Wecker zu stellen. Diese Funktion jedoch erfüllt sie so gut, dass sie als Maßstab für eine Abfolge von Ereignissen schlechthin angesehen wird. Doch ist die erlebte Zeit zum einen von der individuellen Wahrnehmung des betrachtenden Wachbewusstseins abhängig, zum anderen von seiner Entfernung zum Erdmittelpunkt. Nicht einmal, wenn eine Frau im Ski-Urlaub auf dem Gipfel steht und ihr Mann unten im Tal an einem Tresen, erleben beide die gleiche Zeitdauer. Schon in diesem Beispiel ist die Frau nach ihrer Rückkehr in das Tal etwas jünger als der Mann. Sie hat oben auf dem Gipfel weniger Zeit verbracht als er unten im Tal am Tresen.

Der Grund liegt in einer in der Höhe schwächeren Gravitation. Je näher man einem Massezentrum ist, desto stärker ist der Gravitationsfluss und damit die Anziehung durch die Masse. Zeit und Masse jedoch beeinflussen einander wie

---

[12] *Lichtjahr = Das Lichtjahr ist eine astronomische Längeneinheit und keine Zeiteinheit. Ein Lichtjahr ist die Strecke, die eine elektromagnetische Welle wie das Licht in einem tropischen Jahr in einem Vakuum zurücklegt. Das sind etwa 9,5 Billionen (9,5 · 1012) Kilometer.*

oben beschrieben - die Nähe zum Massekern des Planeten Erde beschleunigt die Gravitation und damit den Zeitfluss im Bereich des Tals stärker als oben auf dem Berg. Folge: Der Partner am Tresen altert schneller als seine kluge Ehefrau am Gipfel. Oder andersherum ausgedrückt: Der Mann hat in ihrem Urlaub am Tresen etwas mehr Zeit genießen können als seine Frau auf dem Berg.

Kapitel 4 Imaginäre Zeit und Lebensfäden

Was ist denn das?

Nach Auffassung der Metaphysik gibt es keine Zufälle, nur Fügungen als von uns selbstbewusst und unbewusst initiierte Geschehnisse. Nicht nur der US-amerikanische Philosoph Emerson sieht einen Faden durch alle Dinge gehen, nämlich dergestalt, dass die Menschen und die Ereignisse auf diesem Faden zu uns kommen, weil es diesen Faden gibt.

Nach Schopenhauer stehen alle Ereignisse im Leben eines Menschen in zwei grundverschiedenen Arten des Zusammenhangs. Einmal im objektiven, kausalen Zusammenhang des Naturlaufs und zum anderen in einem subjektiven Zusammenhang, Emersons Faden gleich, in welchem der Inhalt, wie die Szenen eines Dramas, durch den Plan des Dichters bestimmt ist. Die Tatsache, dass das Schicksal des einen zum Schicksal des anderen passt, ist nach Schopenhauer ein unser aller Fassungskraft übersteigender Ausdruck ‚prästabilierter Harmonie': Der Wille zum Leben [vgl. Bd. 5] ist hiernach Traum, den jedes Wesen träumt, und zwar so, dass alle anderen Personen ihn mit träumen; daher greift alles ineinander und passt zueinander.

Das Konzept der multiplen Geschichten des US-amerikanischen Physikers Feynman ist nun eine modernere Version dieser aus dem frühen neunzehnten Jahrhundert stammenden, wenngleich noch immer unwidersprochenen

Grundannahme, lediglich angepasst an neuere Erkenntnisse der Physik. Elektronen sind eher als Wellen denn als Teilchen zu denken, können sich mit anderen Elektronen wie Lichtstrahlen überlagern und sich zudem wechselseitig, ohne Kontakt oder Überschneidung, beeinflussen oder genauer *verschränken*.

Nach Feynman ist das Positron nichts anderes als ein Elektron, das sich einen Augenblick in der Zeit rückwärts bewegt. Dieses Verhalten zeigen auch andere Anti-Teilchen. In den sogenannten Feynman-Diagrammen, die zum Instrumentarium der Physiker geworden sind, stellt die eine Koordinatenachse die Zeit und die andere den Raum dar; Teilchen können sich in der Zeit vorwärts und rückwärts bewegen, und ein Positron, das sich in der reellen Zeit [Fn. S.18] vorübergehend in die Zukunft bewegt, verhält sich genauso wie ein Elektron, das sich vorübergehend in die Vergangenheit bewegt. Diese zeitlichen Umkehrungen sind von sehr kurzer Dauer, weil Anti-Teilchen in unserer Welt kurzlebig sind und sich rasch bei Kontakt mit umgekehrt geladener Materie in einem Energieblitz auflösen.

Laut Hawking arbeiten die Physiker und verwandte Fachrichtungen heute daran, Einsteins allgemeine Relativitätstheorie und Feynmans *Konzept der multiplen Geschichten einer sich wie eine Raumrichtung verhaltenden imaginären Zeit* zu einer vollständigen einheitlichen Theorie zu verbinden, die alles beschreibt, was im Universum geschieht. [Lit 119]

Nach Einstein sind viele der unerschütterlichen Konzepte der Wissenschaften nur bequeme Organisationsprinzipien, die eingeführt wurden, um das menschliche Denken zu organisieren. Raum und Zeit seien nach seiner Auffassung eher menschliche Konstrukte als grundlegende physikalische

Wahrheiten; Zeit sei eher eine Frage der emotionalen als der physikalischen Beziehung. Dadurch könnten wir Empfindungen für bedeutsame Ereignisse haben, die noch in der Zukunft liegen.

Um die diesen Annahmen zugrunde liegenden quantentheoretischen Erkenntnisse zu beleuchten, holen wir jetzt einmal etwas aus und schauen, wie sich die führenden Physiker Pauli, Eddington, Broglie, Gell-Mann, Heisenberg und Margenau der Metaphysik kontinuierlich angenähert haben. Im Band 4 beleuchten wir dann im Kapitel ‚Emersons Lebensfaden' die nachfolgend beschriebenen Annahmen aus dem Blickwinkel von Philosophen und Nicht-Physikern.

Ooops, ein paar quantentheoretische Grundlagen

Die theoretischen Physiker bauen heute auf das Paulische Ausschließungsprinzip des schweizerisch-amerikanischen Physikers und Nobelpreisträgers **Pauli**. Es besagt, dass nur ein einziges Elektron eine Umlaufbahn innerhalb eines Atoms zu einem gegebenen Zeitpunkt besetzen kann. Oder genauer: Dass in einem neutralen Atom nicht zwei Elektronen denselben Satz an Quantenzahlen haben können [Lit 53].

Dieses Ausschließungsprinzip ist eine rein mathematische Konstruktion, für die hinsichtlich der physikalischen Kausalprinzipien keinerlei Rechtfertigung aufgezeigt werden konnte außer der Tatsache, dass ohne dieses Prinzip die Quantentheorie keinen Sinn ergibt. Es ist für die meisten Strukturierungsprozesse in der Natur verantwortlich und ruft die Wechselwirkungskräfte hervor, die Atome zu Moleküle verbinden und Moleküle zu Kristallen. Es bewirkt, dass Eisen magnetisiert werden kann und dass sich Materie nicht beliebig klein zusammenpressen lässt. Die Undurchdringlichkeit der Materie, ihre Stabilität, kann also hierauf zurückgeführt werden. Nur enthält dieses Prinzip keinerlei dynamische Aspekte. Es wirkt zwar wie eine Kraft, ist aber keine Kraft.

Innerhalb eines Neutronensterns, in dem diese strukturerhaltenden Bindungen der Atome durch extrem große Temperaturen aufgehoben wurden, fallen folglich die dem Atom sonst eigenen, relativ großen Zwischenräume weg. So bleibt von einem durchschnittlichen Sternen-Kern nach einem diesen Prozess einleitenden Supernova-Ausbruch nur die Masse einer Kugel von etwa 10 Kilometer Durchmesser. Allerdings mit einer Millionenmal dichteren Masse als derjenigen eines weißen Zwerges und dadurch einer sehr starken Raumzeit-Verbiegung entsprechend einem sehr schnellen Zeitfluss, was auch als Gravitation bezeichnet wird.

Der britische Astrophysiker **Eddington** formulierte das Gleichnis von den zwei Schreibtischen: Der eine ist das alte Möbelstück, auf dem die Hand beim Schreiben aufliegt; der andere ist der Tisch, wie ihn der Physiker sieht und der fast gänzlich aus leerem Raum besteht, aus schierem Nichts, welches von unvorstellbar kleinen Teilchen durchsetzt ist, von Elektronen, die um ihre Kerne wirbeln. Diese sind untereinander jedoch durch Entfernungen getrennt, die hunderttausendmal größer sind als ihr eigenes Volumen. Und dazwischen ist nichts. Von diesen wenigen Elektronen abgesehen ist das Innere des Atoms leer. In der Welt der Physik betrachten wir das Leben also in einem Schattenspiel: Das Schattenbild meiner Hand ruht auf einem schattenhaften Tisch. Und meine Schattentinte fließt über das schattenhafte Papier.

Aber auch die Metaphysik betrachtet diesen Grenzbereich zwischen festen Formen und Energieströmen. Würden wir in der Lage sein, im Wachzustand unseren Blick umzulenken auf die inneren Sinne und unser Wohnzimmer aus der höheren Bewusstseinssicht [vgl. Bd. 2] heraus zu betrachten, dann könnten wir nach Roberts *„den gewaltigen, anhaltenden Tanz der Moleküle und Teilchen beobachten, aus denen die verschiedenen Gegenstände zusammengesetzt sind"*. Man könnte *„das phosphoreszierende Leuchten der elektromagnetischen Struktur sehen, aus der die Moleküle sich aufbauen"*. Und jede Betrachtungsweise stelle eine legitime Realität dar.

Eddingtons alter Schreibtisch wäre nur *eine* physisch manifestierte Realität von diversen, ineinander verschachtelten, aus unserer Position in Richtung geistige Welten geschaut zu-

nehmend energiereicheren, aber weniger physischen, weniger
‚dicht' erscheinenden Realitäten genau dieses Tisches. Sie
unterscheiden sich primär in ihrer Schwingungsfrequenz und
damit in der Stärke ihrer jeweiligen Energiekonzentration. In
all diesen Realitäten sind hiernach dieselben Atome und Moleküle die Basis, jedoch in unterschiedlich erscheinender
Dichte und unterschiedlich schnell pulsierend.

Wir nehmen nach Auffassung der Metaphysik diejenige Version des Schreibtisches wahr, die unser Selbst aufgrund seiner mentalen Verfassung momentan fokussiert. Träumen wir
beispielsweise von dem Schreibtisch, dann ist es *derselbe*, allerdings in einer anderen, vollgültige Realität als diejenige
des Wachzustands. Das Wahrgenommene - oder genauer das
von uns über die zugrunde liegenden Energieströme projizierte Vorstellungsbild - ist im Traum und sonstigen geistigen
Vorstellungsbildern energiereicher, weil schneller pulsierend.
Einigen Quellen zufolge sei die Dichte der Atome und Moleküle geringer, was jedoch der ansonsten schlüssigen Hypothese widerspricht, dass ein Körper oder Gegenstand in all
diesen Realitäten von denselben Atomen und Molekülen gebildet wird.

Doch gibt es nach Annahme der Metaphysik auch räumlich
an gleicher Stelle liegende, nur durch abweichende Frequenzbereiche getrennte *physische* Variationen unseres vertrauten
Lebensraumes. Diese unterscheiden sich ebenfalls in ihrer
energetischen Intensität und möglicherweise in der Dichte der
Atome und Moleküle. In welchem Frequenzbereich und in
welcher Energiedichte wir uns nun bewegen, hängt von unserer mentalen Verfassung ab - je schneller das projizierende
Bewusstsein pulsiert, desto energiereicher ist es selbst und
auch seine Projektion. Und desto mehr Informationen zieht es
aus der energetischen Grundlage des Projizierten.

Hiernach bewegt sich unser Selbst wie auch alles Seiende schon im Alltagsgeschehen gleitend durch all diese ineinander verschachtelten Realitäten hindurch - zum einen über die unterschiedlichen ,vertikalen' Intensitäten einer Realität, zum anderen über ,horizontal' angeordnete, parallele Realitätsvarianten, ohne je eine Störung in der Kontinuität der ,Wahrnehmung', richtiger des Projizierten, zu bemerken. [Lit 175]

Doch zurück zum Blickwinkel der Physiker. Nach Pauli spielen nun akausale, nicht physikalische Faktoren in der Natur eine wesentliche Rolle. Die im vierten Band erläuterten parapsychologischen Phänomene einschließlich der augenfälligen Koinzidenzen[13] sind nach seiner Auffassung sichtbare Spuren dieser nicht aufzuspürenden, akausalen Prinzipien im Universum. Seine gemeinsam mit dem Psychologen **C.G. Jung** entworfene Theorie der Synchronizität[14] stellt eine deutliche Absage an die mechanistisch-wissenschaftliche Weltanschauung dar.

Nach dem französischen Physiker **Broglie** - ebenfalls Nobelpreisträger - ist das Elektron gleichzeitig Korpuskel und Welle. Diese winzigen Teilchen, die man für die letzten und kleinsten Bestandteile hielt, verhalten sich also mal als Teilchen und mal als Prozess analog den Schwingungen von Saiteninstrumenten. Broglie, ein Liebhaber von Kammermusik, postulierte als erster Wissenschaftler diese Annahme, um die Schwierigkeiten zu überwinden, welche das rudimentäre Atommodell des dänischen Physikers und Nobelpreisträgers

---

[13] *Koinzidenz = zeitliches oder/und räumliches Zusammentreffen von Ereignissen*

[14] *Synchronizität = nach C.G. Jung miteinander korrelierende Ereignisse, die nicht in einem Kausalzusammenhang stehen, aber erkennbar als aufeinander bezogen und miteinander verbunden wahrgenommen und gedeutet werden können*

Bohr mit sich brachte. Denn die Bestandteile der Materie verhalten sich einerseits wie materielose Wellen, andererseits jedoch unter bestimmten Umständen wie massive Teilchen.

Gell-Mann, ebenfalls Physiker und Nobelpreisträger, hat eine Theorie der Elementarteilchen vorgeschlagen, die er, bezugnehmend auf Buddha, den ‚achtfachen Weg' nannte, und die es ihm ermöglichte, die Entdeckung eines weiteren, bislang unbekannten Teilchens vorherzusagen - das *Omega-Minus*. Er wies vorausschauend darauf hin, dass die Elementarteilchen eventuell nicht elementar sind, sondern aus noch elementareren Einheiten, von ihm mit Quarks bezeichnet, bestehen könnten.

Noch während Eddington seine Zeilen über seinen Schattentisch schrieb, wurde also dieser Tisch weiter zerlegt. Dieses Mal nicht in eine Atomstruktur mit ihren großen leeren Zwischenräumen, sondern in noch kleinere Einheiten mit einem weiteren, damit einhergehenden Strukturverlust: nämlich in Schwingungen [Lit 42]. Diesen für die moderne Physik fundamental bedeutsamen Dualismus - Broglies Feststellung, dass das Elektron gleichzeitig Korpuskel[15] und Welle ist - nannte Bohr das Komplementaritätsprinzip. Diese Komplementarität wurde zur Grundlage für die ‚Kopenhagener Schule' - das ist die von ihm begründete dominierende Richtung der theoretischen Physik.

Atome sind auch nach dem deutschen Physiker und Nobelpreisträger **Heisenberg** [Lit 48] keine Dinge - jedenfalls keine Dinge im Sinne der früheren Physik, die man ohne Vorbehalte mit Begriffen wie Ort, Geschwindigkeit, Energie und Ausdehnung beschreiben könnte. Nach seiner Auffassung gibt es, wenn man bis zu den Atomen hinabsteigt,

---

[15] *Korpuskel = kleinstes Teilchen*

keine objektive Welt in Raum und Zeit. Die mathematischen Symbole der theoretischen Physik würden nur das Mögliche, aber nicht das Faktische abbilden. Dem kausalen Determinismus in der Physik und damit auch in der Philosophie bereitete Heisenberg durch die von ihm formulierte Unbestimmtheitsrelation - auch Unschärferelation genannt - ein Ende.

Schon der Versuch, ein Bild der Elementarteilchen zu entwerfen und über sie in anschaulichen Begriffen zu denken, bedeutet nach seiner Auffassung, sie vollkommen falsch zu interpretieren. Der neu geprägte Begriff der Komplementarität sollte eine Situation beschreiben, in der wir ein und dasselbe Geschehen mit zwei verschiedenen Betrachtungsweisen erfassen können. Diese beiden Betrachtungsweisen schließen sich zwar gegenseitig aus, aber sie ergänzen sich auch, und erst durch das Nebeneinander der beiden sich widersprechenden Betrachtungsweisen wird der anschauliche Gehalt des Phänomens voll ausgeschöpft. Was die Kopenhagener Schule Komplementarität nennt, stimmt übrigens nach Koestler recht hübsch mit dem kartesianischen Dualismus von Geist und Materie nach Descartes überein.

Es war um 1925, als Heisenberg entdeckte, dass die Wirklichkeit ein Meer von berechenbaren Wahrscheinlichkeiten ist. Elektronenbahnen entstehen erst in der Beobachtung. Darum fragte Einstein, ob denn der Mond nicht da sei, wenn man ihn nicht fokussiere. Er meinte dies sarkastisch, traf jedoch den Nagel auf den Kopf. Das Beobachtete ist ein wahrscheinlicher Verlauf aus den Potentialen einer Realität, das zudem nur erscheint, wenn Bewusstsein seine Energien, seine Aufmerksamkeit darauf richtet. Darüber scheint die Physik so konsterniert zu sein, dass sie bis heute nicht wagt, die Folgen für unsere alltägliche Realität auszusprechen. Denn dann

müsste sie in letzter Konsequenz sagen: Jedes Individuum erschafft und beeinflusst seine Realität.

Bestimmte Quantenphänomene weisen nach dem britischen
Quantenphysiker David **Bohm** darauf hin, dass unter dem
Einfluss eines Störungspotentials das System dazu
neigt, Übergänge in alle Richtungen gleichzeitig
vorzunehmen [Lit 36]. Er widersprach damit der klassischen
Lehrmeinung, dass sich ein System nur entlang einer festge-
legten Bahn fortbewegt. Auch dann, wenn ein beliebiger physikalischer Vorgang beginnt, sendet er ‚Fühler‘ in alle Richtungen aus. Fühler, in denen die Zeit umgekehrt sein kann,
vertraute Gesetze verletzt werden und unerwartete Dinge geschehen können.

Jedoch können nach seiner Auffassung nur bestimmte Über-
gangsarten in dieselbe Richtung dauerhaft voranschreiten,
nämlich jene, die er *reale Transformationen* nennt. Sie stehen
im Gegensatz zu den *virtuellen Transformationen,* die gegen
das Prinzip der Erhaltung der Energie verstoßen und somit
umkehren müssen, bevor sie zu weit geraten sind. Virtuelle
Übergänge sind oft von größter Bedeutung, denn
eine große Anzahl physikalischer Vorgänge resultiert aus diesen virtuellen Übergängen und impliziert
hierdurch eine reale Wirkung.

Auch der US-amerikanische Physiker Henry **Marge-
nau** [Lit 51] vertrat diese Auffassung. Er hielt es für notwendig, die Existenz solcher virtuellen Vorgänge herbeizuführen,
auch wenn sie nur von extrem kurzer Dauer sind.

Eine sehr kurze Zeit lang kann also jeder physikalische Vorgang in einer Weise ablaufen, die den heute bekannten Naturgesetzen [Begrifflichkeit der Metaphysik: Grundannahmen] widerspricht und sich dabei stets hinter dem Mantel der Unschärfe-

relation verstecken. Diese virtuellen Vorgänge sterben dann in *unserem* Realitätssystem aus. Nach einer gewissen Zeit beruhigt sich die Materie wieder. Ein Kunstgriff der Physiker, um aus diesen Vorgängen Präkognition [Fn. S.15 vgl. Bd. 4], also Vorhersehung von Ereignissen zu erklären, besteht in der Annahme einer mehrdimensionalen Zeit - mit der zusätzlichen Dimension der imaginären Zeit.

Eine allumfassende Theorie beinhaltet die imaginäre Zeit

Die Formulierung einer endgültigen allumfassenden Theorie wäre nun einfach, wenn wir entgegen der Unschärferelations-Theorie, nach der sich nicht zugleich Position und Geschwindigkeit eines Teilchens exakt messen lassen, dies doch tun könnten. In diesem Fall könnten wir nach dem französischen Mathematiker und Physiker **Marquis de Laplace** - dem Begründer des wissenschaftlichen Determinismus - mittels der bereits bekannten physikalischen Gesetze den Zustand des Universums zu jedem gegebenen Zeitpunkt in Vergangenheit und Zukunft vorhersagen. Doch da uns dieser Weg nun verschlossen ist und aufgrund der unvorstellbar großen Datenmenge ein praktisches Lösen einer solchen Gleichung selbst für nur zwei Teilchen nicht möglich wäre, benötigen wir eine Theorie, die alle derzeitigen funktionierenden Theorien zu einem Ganzen verbindet und erklärt. Sie ersparte uns zudem das lästige Rechnen.

Entgegen dem ersten Anschein wird diese allumfassende Theorie wahrscheinlich wenig komplex sein. Mit ihrer Hilfe würden wir berechnen können, wie sich das Universum entwickeln wird und wir werden wissen - und nicht nur annehmen -, wie die Geschichten angefangen haben. Wenn nun eine solche allumfassende Theorie existiert - selbst wenn sie möglicherweise niemals von uns Menschen gefunden werden wird - bedeutet dies, dass die Zukunft eines Universums feststeht, determiniert ist, schon immer feststand, von Anbeginn der reellen Zeit [Fn. S.18] an. Wenn jedoch alles von vornherein bekannt und berechenbar ist, gibt es darin keine Zufälle und außerhalb der durch die Unschärferelation zulässigen Streuung des Verhaltens keine freien Entscheidungen des Willens. Der lenkende Geist wählte dann zwischen einer theoretisch zwar unvorstellbar großen, praktisch jedoch begrenzten Anzahl von Verzweigungen, abgehend von unserer jeweiligen Position in Zeit und Raum des Universums.

Die völlige Freiheit der Wahl nun und damit alle weiteren, wählbaren Verzweigungen, befänden sich auf der imaginären Zeitschiene, die rechtwinklig in alle Richtungen von unserer Position auf der bewusst wahrgenommenen, reellen Zeitschiene dieses Universums abgeht. Auf der Dimension der reellen Zeit ist beispielsweise die Zukunft vor uns und das Vergangene hinter uns - die Verzweigungen der imaginären Zeit verlaufen hiervon rechtwinklig abgehend in *alle* Richtungen, nicht nur nach links und rechts.

Einmal vorausgesetzt, es bestätigt sich, dass es eine allumfassende Theorie gibt und damit die gesamte Geschichte innerhalb eines gegebenen Universums determiniert ist, so müsste die Dimension der imaginären Zeit notwendig unzählige Universen umfassen. Über den hierfür notwendigen Grad der Vernetzung der subatomaren Energieströme dieser annehmlich ineinander verschachtelten Paralleluniversen können wir derzeit keine Aussage machen. Es ist jedoch nicht auszuschließen, dass diese verbindenden Energieströme - möglicherweise in Form unzähliger sehr kleiner und großer schwarzer und weißer Löcher - existieren.

Im Band 4 werden wir erkennen, dass einige Verzweigungen auf der imaginären Zeitschiene fast übergangslos in Paralleluniversen führen, welche jeweils über eine variierte Vergangenheit und Zukunft verfügen. Denn in einem jeden Universum ist nur eine begrenzte Anzahl ähnlich verlaufender Geschichten realisierbar - auch hierin durch unterschiedliche

Frequenzbereiche voneinander getrennt. Werden Abweichungen zu groß, bedarf es eines separaten Realitätssystems.

Für alternative Verläufe braucht es also Paralleluniversen, welche notwendig über eine variierte ‚frühere‘ und ‚künftige‘ Geschichte verfügen. In dem einen Paralleluniversum möge unser dominierendes Ich beispielsweise eine kurze Lebenszeit gewählt haben, in dem anderen ein langes Leben. In dem einen wählte es die Erfahrung einer Beziehung mit Elternschaft, in dem anderen blieb es lebenslang ein kinderloser Single und konzentrierte sich auf den Beruf. Ob das jeweilige Ich den einen oder anderen Verlauf akzeptiert, hängt von seinen individuellen Glaubenssätzen und seinem Streben ab. Jedes Streben von *Anteilen unseres Selbst* findet auf diese Weise Ausdruck.

Doch dies ist nur ein Denkmodell der Metaphysik. Bei der Überlegung des Akzeptierens oder Verwerfens sollten wir bedenken, dass zum Beispiel die Dimensionen und auch Dobbs imaginäre Zeitschiene nur mathematische Krücken für eine von den Physikern gesuchte, durch und durch mathematische Theorie der eigentlichen Zusammenhänge sind.

So bemerkte der britische Mathematiker und Philosoph **Russell**, dass ein Atom lediglich aus den Strahlungen bestehe, die es abgibt. Es wäre nutzlos, zu argumentieren, dass Strahlungen nicht aus dem Nichts entstehen können. Die Vorstellung, dass das Elektron oder das Proton ein harter kleiner Klumpen ist, ist nach Russell ein nicht legitimer Einbruch von Begriffen des gesunden Menschenverstands, die vom Tastsinn abgeleitet sind. Materie ist nach seiner Auffassung eine bequeme Formel zur Beschreibung dessen, was nicht geschieht. Er merkt an:

„Nicht, weil wir so viel über die physikalische Welt wissen, ist die Physik mathematisch, sondern weil wir so wenig wissen: Nur die mathematischen Eigenschaften der physikalischen Welt können wir erkennen." [Lit 56].

Feynmanns Konzept der Aufsummierung von möglichen Verzweigungen

Nach der Quantenmechanik in Verbindung mit Heisenbergs Unschärferelation - dem Unbestimmtheitsprinzip - ist es, wie wir gesehen haben, unmöglich, für ein Ereignis im Universum sowohl den Ort als auch die Geschwindigkeit genau zu messen. Entweder erhalten wir den genauen Ort und können die Geschwindigkeit nicht eindeutig feststellen oder umgekehrt.

Wenn wir nun an der klassischen, nicht quantenmechanischen Theorie festhalten würden, dass ein System oder ein Objekt nur eine einzige, nämlich die von uns wahrgenommene Geschichte hat, führt das Paulische Unbestimmtheitsprinzip zu allerlei Paradoxien, wie beispielsweise Teilchen, die an zwei Orten zugleich oder Astronauten, die nur halb auf dem Mond sind. Diese Feststellung führte die Physik zu der vom US-amerikanischen Physiker Richard **Feynman** postulierten Pfadintegralmethode - dies ist ein Konzept der Aufsummierung von möglichen Verzweigungen.

Hawking beschreibt sehr anschaulich unter Berufung auf Feynman, dass ein Objekt nicht nur eine einzige Geschichte hat, sondern *alle* Geschichten, die möglich sind. In den meisten Fällen hebt sich die Wahrscheinlichkeit, eine bestimmte Geschichte zu haben, gegen die Wahrscheinlichkeit auf, eine etwas andere Geschichte zu haben. Doch in bestimmten Fällen verstärken sich die Wahrscheinlichkeiten benachbarter Geschichten - dann ist es eine dieser verstärkten Geschichten, die wir als Geschichte des Objekts beobachten respektive erleben. In der Quantentheorie existieren also wie in der Metaphysik mehrere Geschichten nebeneinander. Hawking verwendet auch das folgende Beispiel:

„Stellen wir uns ein Teilchen vor, dass sich in einem bestimmten Moment in Punkt A befunden hat. Normalerweise ginge man davon aus, dass es sich in gerader Linie von A fortbewegt. Doch nach der Pfadintegralmethode könnte es sich auf jedem in A beginnenden Weg bewegen. Es gleicht dem Ausbreiten eines Tintentropfens auf einem Stück Löschpapier. Jedem Weg, jeder Geschichte des Teilchens ist eine Zahl zugeordnet, die von der Form des Weges abhängt. Die Wahrscheinlichkeit, dass sich das Teilchen von A nach B bewegt, ergibt sich aus der Summe der Zahlen, die mit allen das Teilchen von A nach B befördernden Wegen verknüpft sind." [Lit 119]

Um dieses Phänomen anschaulich zu machen, führte Hawking den auf Feynmans Konzept der Aufsummierung von Möglichkeiten basierenden imaginären Zeitpfeil ein. Es handelt sich hierbei wie schon beschrieben um eine Zeitachse, die im rechten Winkel auf die von uns wahrgenommene reelle Zeitdimension [Fn. S.17] zeigt. Es ist also eine Zeitschiene, die im rechten Winkel *in alle Richtungen* seitlich von unserer reellen Zeit [Fn. S.18] fortführt. Auf ihr befinden sich sämtliche anderen, ab jetzt möglichen Geschichten eines Objekts mit ihren in diesem Moment beginnenden Verzweigungen. In der reellen Zeit früher verzweigte Geschichten sind hiernach für uns nicht mehr erreichbar, so wie der Saft eines Baumes nur in die vor ihm liegenden Verzweigungen fließen kann, nicht jedoch auf seinem Weg zurück in andere Äste. [Lit 119]

Hier sei angemerkt, dass die Metaphysik annimmt, dass sich Verzweigungen nach geringen Abweichungen *innerhalb* desselben Realitätssystems auch wieder vereinen können. Sind die Differenzen jedoch so groß, so dass sie in die Verzweigung eines Kind-Universums, also in einem Realitätssystem-Wechsel münden, ist dies nicht mehr möglich. Können wir uns beispielsweise nur schwer entscheiden, über Weg A oder B zum Ziel zu gehen, wird beides jeweils mit denjenigen Anteilen der persönlichen Psyche, die den einen oder anderen Weg favorisieren, zwar im selben Realitätssystem respektive Universum, aber in variierten Frequenzbereichen ausgelebt. Am Ziel könnten sich beide Verläufe wieder vereinen. Würde jedoch nur der auf Weg A Befindliche einen Unfall akzeptieren, dessen Folgen ihn in den Rollstuhl zwingen, wären die sich hieraus ergebenden Abweichungen für *ein* Realitätssystem schon zu groß.

Zurück zur Physik: Auch nach **Feynman** legt also jedes Teilchen, somit auch jeder Mensch jede mögliche Bahn, respektive jeden möglichen Lebensweg durch die Raumzeit zurück. Wir sollten uns hierbei von der geistig nicht erfassbaren Fülle der Möglichkeiten nicht ablenken lassen. Praktisch sind sie in der Anzahl natürlich begrenzt und mit einer entsprechenden allumfassenden Theorie theoretisch berechenbar. Jeder möglichen Geschichte ordnet Feynmans Pfadintegralmethode zwei Zahlen zu, die eine für die Amplitude ihrer Welle und die andere für ihre Phase, die Position innerhalb dieser Welle - oben, unten oder irgendwo dazwischen.

Diese beiden Werte haben übrigens nichts mit der Wellenlänge der Wellen zu tun, die wir zur Bestimmung der Position und Geschwindigkeit eines Teilchens verwenden. Hier ermöglichen eine *kürzere Wellenlänge hochfrequenter Wellen* eine genauere Positionsbestimmung und ungenauere Geschwindigkeitsbestimmung; und die *längeren Wellenlängen niederfrequenter Wellen* umgekehrt eine genauere Geschwindigkeitsbestimmung und ungenauere Positionsbestimmung.

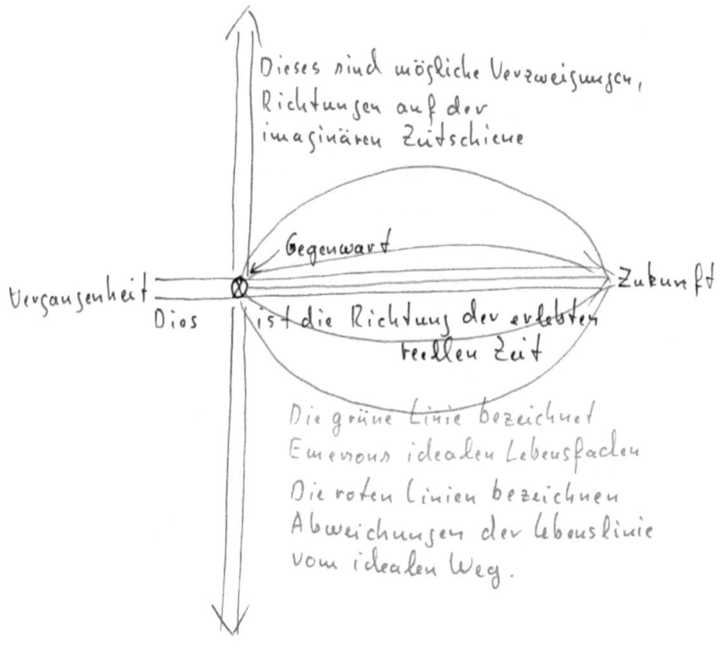

Die Wahrscheinlichkeit nun, dass ein Teilchen von A nach B gelangt, beispielsweise ein Mensch ein selbst gestecktes Ziel erreicht, berechnet sich hiernach als Summe derjenigen Wellen, die zu jeder hierbei möglichen Bahn gehören. Dass wir rückblickend stets den Eindruck haben, auf nur einer Bahn, auf nur einem Lebensweg zum Ziel gekommen zu sein, ergibt sich aus Feynmans Konzept der Summe der Geschichten: Denn bei makroskopischen, also mit bloßem Auge ohne optische Hilfsmittel erkennbaren Objekten, heben sich alle Bahnen bis auf eine auf, wenn die Summen aller Kennzahlen der Wellen zusammengefasst werden.

Die Metaphysik postuliert diese Annahmen der heutigen Physik seit Längerem. Offenbar sehen viele Menschen in präkognitiven Träumen oder durch nicht bestimmbares Wissen Inhalte einiger alternativen Geschichten. Sie wissen, wie etwas verlaufen würde, würden sie an einem bevorstehenden Kreuzpunkt eine bestimmte Entscheidung treffen und können hierzu alternative Verzweigungen einsehen.

Zeit entfaltet sich unendlich aus jedem Augenblickspunkt heraus leicht variiert in alle Richtungen, nicht nur vor- und rückwärts. So könnte nach Auffassung der Metaphysik beispielsweise ein Mensch am Ende seines Lebensweges nicht nur achtzig Jahre von seiner *ursprünglichen* Kindheit entfernt sein, sondern auch durch unzählige Elternuniversen getrennt. Und er könnte hierdurch die aktuelle, also eine *durch seine sich wandelnden Glaubenssätze und Bestrebungen initiierte* Variation für seine Kindheit halten, die es dann auch ist. Seine ursprüngliche Kindheit wäre ihm entglitten. (vgl. Bd. zero, Bd.4)

Die Grenzen des Modells der imaginären Zeit

Zwar gibt es eine vollständige Wahlfreiheit über die Verzweigungen der imaginären Zeitschiene. Doch im Band 4 werden wir sehen, dass uns das aktuelle System stets dazu drängt, sich auf dessen Ideallinie, Emersons idealen Lebensfaden, zu bewegen. Beim Abweichen wachsen Widerstände, so dass es besonderer Bedingungen bedarf, um in das Realitätssystem eines Kind-Universums mit abweichender Geschichte, also Vergangenheit und Zukunft, zu verzweigen.

Hieraus könnte man folgern, dass letztlich nur wenige Menschen eine hohe Anzahl von Verzweigungen nutzen. Die Mehrzahl würde sich - vom Ego des äußeren Wachbewusstseins dominiert - kaum bewegen und daher lange in einem Verlauf, in einem Universum verharren. *Innerhalb desselben* sind alle Verläufe nach Schopenhauers unwiderlegter Erkenntnis notwendig determiniert.

Dies untermauern die Beobachtungen britischer Wissenschaftler, welche sich mit den Lebensläufen eineiiger Zwillinge beschäftigt haben. Sie wollten herausfinden, inwieweit unser Verhalten, unser Lebensweg und unser Lebensglück genetisch vorgegeben ist. Interessanterweise hat es sich gezeigt, dass die beobachteten Zwillinge - selbst wenn sie erst in einer sehr späten Lebensphase voneinander erfuhren - jeweils einen nahezu identischen Lebensweg erfahren und ein ähnliches Lebensgefühl, eine ähnliche Grundhaltung inne hatten. Vor allem die wesentlichen Fixpunkte im Leben eines jeden Menschen wie Schwangerschaft, Geburt oder Fehlgeburt und Tod stimmten innerhalb eines Zeitrahmens von wenigen Wochen bis zu einigen Monaten meist überein. Wobei die Metaphysik davon ausgeht, dass wir Zeit unseres Lebens mit Wahrscheinlichkeiten hantieren, es folglich auch keinen feststehenden Todeszeitpunkt gibt [Lit 183]. Die Zwillinge könnten sich hiernach für jede der genannten Übereinstimmungen umentscheiden, diese für sich nicht akzeptieren. Doch verfügten sie über eine identische Ausgangsbasis, was innerhalb einer Wahrscheinlichkeit eher zu ähnlichen Entscheidungen und damit Verläufen führt. (vgl. Bd. 4)

Die Schlüsselerlebnisse und unser Lebensgefühl erfahren wir als scheinbar unabänderliches Schicksal. Tatsächlich sind wir Co-Produzenten dieser physisch projizierten, kollektiven Vorstellungen oder auch Gedankenkonstruktionen. So ist der wesentliche Lebenslauf einer Identität und ihr Lebensgefühl nicht beeinflussbar, weil dessen psychologische Verfassung meist recht starr ist. Man könnte es auch so sagen: Wir suchen uns selbst die Karten, die wir spielen.

Nach Feynmans Aussage hat also das Universum und jede Identität jede mögliche Geschichte. Sie gehören ebenso zu unserem erweiterten persönlichen Selbst wie die Variationen unserer Kindheit respektive Vergangenheit, die wir im Laufe unseres Lebens erfuhren. Der freie Wille des Menschen zeigt sich also besonders deutlich in großen Entscheidungen, die zu deutlichen Brüchen in der Vita führen; er zeigt sich in der Möglichkeit, durch veränderte Glaubenssätze und Bestrebungen den scheinbar feststehenden Verlauf über einen Wechsel in ein Kind-Universum mit variiertem Verlauf zu verlassen. Weil es diesen Ausweg für den Menschen gibt, verfügt das Individuum tatsächlich über einen freien Willen. Wir werden jedoch noch sehen, dass das äußere Wachbewusstsein sich damit sehr schwer tut, alleine gar unfähig ist, abweichende Entscheidungen zu treffen. Es bedarf der Impulse seines erweiterten Selbst.

Kapitel 5 Das Universum als Gedankenkonstruktion

Als Abschluss der Einführung in die Physik an der Grenze zur Metaphysik versuche ich, kurz und knapp das Wesen *eines* Universums mit dem folgenden Bild zu beschreiben. Der Begriff ‚Gedankenkonstruktion' geht auf Roberts zurück [Lit 193].

Die Grundlage jedes Welten-Systems ist sich selbst bewusste Energie. Hinter sich selbst bewussten Energien stehen Individuen. Alle Welten sind somit die Summe derer individuell oder kollektiv geschaffenen Gedankenkonstruktionen. Gedankenkonstruktionen sind Transformationen von Gedanken in physische Realität. Ein einzelner Gegenstand, ein Sandkorn oder ein Körper ist ebenso eine Gedankenkonstruktion wie das Universum an sich. Die Schöpfer schufen das energetische Grundgerüst des Universums mit der Energie ihres Geistes. In diesem Sinne ist ein Universum ein sichtbar gewordener Gedanke, eine von innen nach außen projizierte Gedankenkonstruktion.

Die von jedem Individuum mittels innerer Sinne individuell in eine physische Darstellung projizierten Welten benötigen einen kontinuierlichen Energie-Nachschub, der von ihren Initiatoren über die persönlichen Unterbewusstseine zum Großteil in eine nach außen projizierte Darstellung geleitet wird. Teile dieser Energien simulieren also als intimste Schöpfung des Projizierenden auch seinen physischen Körper.

Die reelle, also die ‚physische' Zeit [Fn. S.17], ist dagegen das Resultat des Voranschreitens eines äußeren Wachbewusstseins über die Planck-Zeiten [Fn. S.17] - nicht *im* Universum, sondern richtiger *in der Abfolge* von Universen mit jeweils einer Planck-Zeit und gleichsam eingefrorener Gedankenkonstruktion [vgl. S.46 & Bd. zero]. Diese tastet es in frei gewählter Geschwindigkeit ab. So ist die reelle Zeit der Physik im Grunde auch eine psychologische Zeit, der alles Seiende in allen Energiestufen mit ihren Realitätssystemen unterliegt. [Lit 193 & 210]

Die Initiatoren selbst nehmen keinerlei Raum ein, weil es Raum außerhalb der physischen Projektionen nicht gibt; so spielt sich deren Realität im *Werteklima des Geistes* ab, das aber nicht minder real ist. Zuerst kommt also der Gedanke. Auch seine Grundlage ist sich selbst bewusste Energie. Aus ihm entwickeln sich schöpferisch alle Gedankenkonstruktionen, also alles geistig oder physisch Projizierte.

In der individuellen Projektion eines Individuums werden vorhandene, also durch Geist früher schöpferisch erschaffene Formen mit der Energie des persönlichen Selbst durchströmt und hierdurch jeweils mit neuen, anderen Atomen und Molekülen aufgefüllt. Im Physischen besteht die solcherart gebildete Materie nur für die Dauer des Betrachtens, längstens für eine Planck-Zeit [Fn. S.17]. Dann wandert der Fokus des Betrachters zur nächsten Planck-Zeit, in der das Betrachtete erneut physisch projiziert wird. Dieselbe Form erhält also in jeder Planck-Zeit neue Materie mit anderen Atomen und Molekülen. Oder anders gesagt: Die Energie eines Betrachters füllt die Energiemuster der Formen mit Materie. Ist kein Betrachter vorhanden, gibt es dort nur die Energieströme der immateriellen Formen. [Lit 211]

Daher altert oder zerfällt Materie nicht, ihre Ausgangsform verliert nur durch das unablässige Kopieren Energie. Zudem schleichen sich zunehmend Fehler in die Form ein, so dass die äußeren Sinnen *scheinbar* einen Zerfall oder ein Verderben oder eine Alterung *der Materie* wahrnehmen. Das sind jedoch Fehlinterpretationen. [Lit 211]

Von außen betrachtet ist alles in diesem System immer und gleichzeitig da - es besteht dauerhaft und entwickelt sich dennoch unablässig schöpferisch weiter. So ist auch unsere Vergangenheit wie auch die Vergangenheiten aller Wahrscheinlichkeitssysteme nicht abgeschlossen. Die Kreativität des Bewusstseins und all seiner Bestandteile, von Atomen und Molekülen bis hin zu komplexen Lebewesen, verändert Vergangenes und jeden Gegenwartspunkt ständig weiter. Nur von außen betrachtet erscheint es als fertiges System mit erstarrter reeller Zeit (Fn. S.18), gleichsam Schopenhauers Guckkasten.

So ist Geist als einzig existente Energieform der alles beeinflussende Faktor sämtlicher Entwicklungen. Das Bewusstsein schafft sich folglich seine Räume selbst, man könnte sagen, in sich selbst hinein. Leben in diesem System erhält einen ständigen Energiezufluss von seinem Ursprungs-Selbst, aber auch die nur scheinbar unbelebte Materie basiert auf diesem Ursprungs-Selbst, das wir Gott nennen können oder wie hier ‚All-das-was-ist'. Letztlich ist alles Eins und das Individuum nicht getrennt von seiner Projektion. Und so ist alles Geist. Denkender Geist.

Und weil alles miteinander verwoben ist und ineinander übergeht, gibt es keine undurchlässigen Grenzen oder Barrieren. Allerdings stoßen wir im Modell der Psyche an ein Problem, wenn wir versuchen, auch nur die Struktur *eines* Universums darin zu erkennen. Das funktioniert nicht, weil wir die

Schöpfungen der Psyche - wozu ein Universum gehört - von ihrer Struktur trennen müssen.

Roberts beschreibt die von uns bewohnten Universen als dreifeldrig. Ein physisch projiziertes Universum umfasst drei nur scheinbar abgeschlossene, rein ‚elektrische‘ Energiefelder, die miteinander in intensivem Energie- und Informationsaustausch stehen. Unser physisches Universums positiv geladener Materie beinhaltet als notwendiges Nebenprodukt das Traumuniversum, welche das physische Universum vollständig durchdringt. Es findet sich auf der Skala der V. Energiedimension in der Energiestufe II. Ein Ableger dieses Traum-Energiefeldes sei ein Antimaterie-Universum mit negativ geladener Materie. Dieses *„dreifeldrige Universum"* umgrenze eine Hülle *„psychischer Energieformen"*. [Lit 212]

Eine beliebige Handlung oder ein Geschehnis in unserem Universum wird nach ihrer Auffassung im Traum-Energiefeld und im Antimaterie-Universum individuell interpretiert, so dass es scheint, als wenn drei verschiedene Handlungen oder Ereignisse stattgefunden haben. Nur von außen betrachtet würde zu erkennen sein, dass es sich um ein und dasselbe Ereignis oder Handlung handelt. Das Antimaterie-Universum ist nach Roberts in vieler Hinsicht ein Spiegel unseres physischen Universums positiv geladener Materie, jedoch mit psychisch unabhängigen Gegenstücken. [Lit 212]

Die Physik dieser Tage registriert in ihren Messungen die Energien, welche von unserem Universum in das uns durchdringende Traum-Energiefeld einsickern. Diejenige Energie, die unserem Universum verloren zu gehen scheint, fließt jedoch in das Traum-Energiefeld ein. Keine Energie geht verloren. Die Physik hat auch Theorien zu einem benachbarten Antimaterie-Universum aufgestellt, die mit dem unserem in einer elektromagnetischen Beziehung zu stehen scheinen. Roberts Material könnte dazu beitragen, der Forschung der Physik die Richtung vorzugeben, damit diese schneller zum Ziel kommt. Für Details bitte ich einmal mehr die Original-Literatur einzusehen. [Lit 212]

Kapitel 6 Anhang

Begriffsdefinitionen der Metaphysik & Literaturverzeichnis

Um nicht in jedem der neun Bände der Reihe "Hinter den Kulissen unserer Welt" die breit gefächerten Begriffsdefinitionen der Metaphysik und das umfangreiche Literaturverzeichnis unterbringen zu müssen, ist ein kleiner Ergänzungsband mit dem Titel ‚*Begriffsdefinitionen der Metaphysik & Literaturverzeichnis*‘ separat aufgelegt worden. Er kann über die ISBN 9783751924481 im Buchhandel bezogen werden.

Diese Informationen sind jedoch auch im Internet ohne Zugangsbeschränkung unter folgenden Adressen abrufbar:

Begriffsdefinitionen:

begriffe.chinnow.net

Literaturverzeichnis:

https://www.chinnow.net/zb-literaturverzeichnis.htm

Die Buchreihe im Überblick

Ergänzende Informationen zum Thema finden Sie in weiteren Büchern des Autors. Einige befinden sich noch in Vorbereitung zur Veröffentlichung.

Übersicht:

(Band zero) Die Kraft des Bewusstseins - Wie wir in jedem Moment unsere Realität bilden

Band zero beschreibt, wie geistige Vorstellungen, Träume und physische Welten entstehen. Letztlich wird jede Lebensumgebung - ob geistig oder physisch - von den anwesenden Individuen kollektiv selbst erschaffen. Und zwar über ihre Streben, ihre Erwartungen und verfestigte Glaubenssätze. Es zeigt sich, dass Bewusstsein kein zufälliges Nebenprodukt der Evolution ist, sondern der Initiator aller Welten.

Der Band zeichnet damit ein deutlich von der heutigen Wissenschaftsfixierung westlicher Gesellschaften abweichendes Weltbild. Band zero ist das zentrale Hauptwerk dieser Reihe.

ISBN 9783752830378

(Band 1) **Physik an der Grenze zur Metaphysik**

Reelle Zeit, imaginäre Zeit und Materie - Quantenphysik an der Grenze zwischen Geist und Materie. Wo sind die Schnittstellen? Die jeweils aktuellen Erkenntnisse der Physik sollten weltweit Schulstoff ab der 5. Klasse sein - tatsächlich wird kaum etwas davon gelehrt, wodurch das obsolete, mittelalterlich rückständige Weltbild der Menschen dieser Epoche zementiert wird.

ISBN 9783735788801

(Band 2) **Einführung in die Metaphysik - Die Struktur der Psyche**

Dieses Buch beschreibt die verschiedenen Zustände des Seins, die mit der Struktur der geistigen Welt in Beziehung stehen. Man erkennt, wie die Annahmen der modernen Physik mit denjenigen der Metaphysik ineinander greifen.

Es vermittelt eine Wirklichkeit, die hinter unserer wahrnehmbaren Welt verborgen ist. Denn hinter der 'physischen Realität', also allem, was wir sehen und anfassen können, erstrecken sich 'geistige Realitätssysteme'.

Es werden unter anderem die folgenden Fragen beantwortet: Wie ist die jenseitige geistige Welt aufgebaut? Wie kommuniziert man dort? Welches sind die Besonderheiten geistiger Welten? Wie funktioniert das ‚Hilfesystem'? Wer oder was ist das, was wir unter Gott verstehen könnten? Wohin führt unser Streben? Was passiert nach dem physischen Ableben?

Dieses Buch gibt als Ergänzung zum Hauptwerk Band zero Antworten. (Grundlagen)

(Band 3) **Klassische Sterbeforschung - Der Tod als Anfang**

Dieser 3. Band liefert eine Beschreibung subjektiv empfundener Verläufe beim Übergang in die jenseitige Welt. Was passiert beim Sterben? Welche Bedeutung haben Lichter im Sterbeprozess? Wird man stets begleitet? Was geschieht bei Abbruch des Sterbeprozesses und der Rückkehr in den physischen Körper? Was ist die Lebensrückschau? Welche Komplikationen können auftreten? Kann man sich gegen das Sterben wehren? Gibt es mehrere Leben?

Er enthält viele Hinweise zur unterstützenden Trauerbegleitung.

ISBN 9783749455133

(Band 4) **Intuition, Träume und außerkörperliche Erfahrungen - Unsere Verbindung mit allem, was ist**

Der 4. Band der Reihe 'Hinter den Kulissen unserer Welt' beschreibt innere Sinne, die Wirkungsweise aller Formen der Intuition einschließlich Präkognition und nonverbaler Kommunikation sowie den Zweck des Schlafs, der Tiefschlafphase, verschiedener Traumarten, der Traumsymbole und außerkörperliche Erfahrungen.

ISBN 9783748144687

(Band 5) **Das persönliche Selbst in der Kulissenwelt**

Über die Identität an der Grenze zwischen Innen und außen. Vom Willen, dem Einfluss der Natur auf das Wachbewusstsein und unbewusste Kommunikationen mit anderen. Welche Funktion hat das Gehirn und wie greifen wir auf Erinnerungen zu? Wie lernen wir? Was vererben wir und was ist Zeit? Dieser Band beschreibt, wie der Mensch im Kontext seiner Lebenserfahrung funktioniert.

(Band 6) **Philosophie des Lebens - Im Alltag zurechtfinden**

Hierin beleuchten wir Wesen, Handeln und den Alltag des Menschen aus philosophischer Sicht.

Die Themen sind unter anderem: Schuld und Umgang mit Gut und Böse; Tier- & Insektenwelt - das menschliche Bewusstsein und andere Lebensformen; Spirituelle Entwicklung und Charakter; Die Leistungsfixierung unserer Gesellschaft; Emotionen der Liebe und Freundschaft, Umgang mit Konflikten und das zur Ruhe kommen; Position der Religionen im sich wandelnden Weltbild.

ISBN 9783751921947

(Band 7) **Bewusstseinsstörungen & Heilung über das Bewusstsein**

Dieser Band handelt vom Ausdruck unterdrückter Teile der Psyche in Krankheitssymptomen. So führen anhaltende Störungen des Bewusstseins zu Symptomen. Oder Symptome werden von Teilen des Bewusstseins als Mittel angesehen, um bestimmte Ziele zu erreichen. Weitere Themen: Suchterkrankungen, Zerstörung des physischen Körpers durch Krebserkrankungen und gespaltene Persönlichkeit (multiple Persönlichkeitsstörung). Es werden Wege aufgezeigt, welche die Heilungsprozesse im Körper fördern.

(Band 8) **Maximen zur Lebensführung**

Die Reihe schließt mit Maximen zur Lebensführung, die bedeutenden Vordenkern entstammen und dem Versuch, daraus eine Essenz zu bilden.

(Ergänzungsband 9) **Begriffsdefinitionen der Metaphysik & Literaturverzeichnis**

Um nicht in jedem der neun Bände der Reihe "Hinter den
Kulissen unserer Welt" die breit gefächerten Begriffsdefinitionen und das umfangreiche Literaturverzeichnis unterbringen
zu müssen, ist dieser Ergänzungsband separat aufgelegt worden.

ISBN: 97 8375 2647 402

(Nebenwerk) **Reiseführer für die letzte Reise**

Dieser kleine Reiseführer ist keine Fiktion. Er gibt in einem
unterhaltsamen und lockeren Schreibstil hilfreiche Tipps und
Hinweise für die letzte Reise am Ende unseres Lebens und
eignet sich dennoch als Strandlektüre. Die Basis für dieses
Buch sind Schriften von Platon (427-347 v. Chr.), Buddha
(563-483 v. Chr.), den Verfassern der sechs Texte des Tibeti-
schen Totenbuchs Padmasambhava (um 800 n. Chr.), Imma-
nuel Kant (1724-1804) und Schopenhauer, Arthur (1788-
1860). Darüber hinaus wurden Berichte aus Nahtod-Erfahrun-
gen und außerkörperlichen Erfahrungen ausgewertet.

Allerdings enthält dieses Büchlein nur subjektive Beschrei-
bungen geistiger Welten. Wer tiefer in die Materie eintauchen
möchte, dem sei Band 3 oder das Hauptwerk Band zero emp-
fohlen.

ISBN: 97 8375 2811 131